普通高等教育
艺术类"十三五"规划教材

版式设计

format design

任莉／编著

U0191228

人民邮电出版社

北 京

图书在版编目（ＣＩＰ）数据

版式设计 / 任莉编著. -- 北京 ：人民邮电出版社，
2020.8 （2022.12 重印）
普通高等教育艺术类"十三五"规划教材
ISBN 978-7-115-53042-4

Ⅰ．①版… Ⅱ．①任… Ⅲ．①版式－设计－高等学校
－教材 Ⅳ．①TS881

中国版本图书馆CIP数据核字(2019)第300248号

◆ 编　著　任　莉
　　责任编辑　罗　朗
　　责任印制　王　郁　陈　犇

◆ 人民邮电出版社出版发行　　北京市丰台区成寿寺路 11 号
　　邮编　100164　　电子邮件　315@ptpress.com.cn
　　网址　https://www.ptpress.com.cn
　　临西县阅读时光印刷有限公司印刷

◆ 开本：787×1092　1/16
　　印张：10　　　　　　　　　2020 年 8 月第 1 版
　　字数：238 千字　　　　　　2022 年 12 月河北第 7 次印刷

定价：59.80 元

读者服务热线：(010)81055256　印装质量热线：(010)81055316
反盗版热线：(010)81055315
广告经营许可证：京东市监广登字 20170147 号

前言

　　暖暖的阳光洒在脸上，会心微笑，谢谢不曾相识的你们，感谢读者的理解和无条件的信任。在喧嚣的氛围中写书，抬起头看看周围，看看大家都还在，换作以沉默支持，真心地感谢你们。

　　我认为，优秀的版式设计应准确传达信息，表现深层内涵，给观者提供更好的审美体验。信息时代的到来意味着简单模仿、凭空想象的作品已不符合设计的初衷，设计者需要对版式设计的原理及方法进行系统梳理与学习，借鉴业界前沿优秀的设计作品，提高设计品位，才能创造出更实用、更精美的作品。

　　本书以版式设计的构成要素作为切入点，讲解设计法则，结合国内外流行的表现手法和创意思维，运用大量图片阐述版式设计。本书首先介绍了版式设计的概念和基础知识，为读者夯实基础，带领读者脱离误区；然后讲解了相关设计方法，使读者掌握规律，在"基础"上进行"变化"的设计；最后介绍了各领域的设计特点，做到设有所依，学有所用。本书适用于高等院校艺术设计类专业的师生，也可作为平面设计师重要的参考资料。

　　前言是留给感谢的，我想大家对感谢的话已经司空见惯。但我依然要感谢同仁们对我工作上的支持与帮助，也要感谢我的硕士研究生徐丹、任孝贤、何宝怡三位同学，正因为她们的辛勤付出，本书才能如此精彩地呈现出来。

　　希望本书能给读者带来一些思考与启迪。时间仓促，书中难免存在疏漏与不足，恳请读者批评指正。

编者

2019 年 9 月

目录
Contents

第 1 章
版式设计的理念灵魂

学习要点及目标：

1. 了解版式设计的基本概念
2. 梳理版式设计的历史沿革与传承
3. 了解版式设计的表现力
4. 掌握版式设计的特征与基本要求
5. 掌握版式设计的表现形式

核心概念：

版式设计　历史发展　表现力　版式特征　表现形式

版式设计是视觉传达的重要手段，它不仅是一种技能，更是技术与艺术的高度统一。版式设计涉及报纸、杂志、书籍、画册、产品样本、挂历、招贴、唱片封套等平面设计的各个领域，它的设计原理和理论也贯穿于每一个平面设计的始终。

第一节　版式设计的基本概念

版式设计是平面设计中非常有代表性的分支，是平面设计的重要组成部分。王受之先生在他的《世界现代平面设计史》中是这么定义的：所谓"平面设计"，指的是在平面空间中的设计活动，其涉及的内容包括字体、插图、摄影的设计，而所有的这些内容的核心在于实现传达信息、指导、劝说等目的。

版式设计，作为平面设计的一个类别，是平面设计师的一项重要的工作内容。例如，平面印刷媒体的版式设计是以文本信息为主要设计对象，对文字、图像、抽象元素等视觉元素进行合理的组织、排列、设计。这类作品担负着作为一种阅读载体的任务，因此我们需要对阅读行为进行研究，熟练地掌握版式设计的基本规律，从而对文字、图像、抽象元素等视觉元素在版面中的安排有一定的理解和应用能力。

无论我们的设计工作是书籍设计、网页设计，还是包装设计、形象识别设计、广告设计、海报设计等，总而言之，平面设计的各个项目都离不开版式设计，如图1-1～图1-4所示。对文字编排和图文关系的研究，是我们完成好平面设计工作的前提。学习版式设计，要求培养对页面视觉元素组织安排的理解力、创造力等多方面的能力。

图1-1

图1-2

图1-3

图1-4

一、什么是版式设计

我们拿起的一张报纸或者翻开的一本画册，或者我们浏览的一个网站，甚至随手丢弃的一张宣传单，上面都有着各种各样的版式设计作品。

版式设计是指根据特定主题与内容的需要，在预先设定的有限版面内，运用造型要素和形式原则，将文字、图片（图形）及色彩等视觉传达信息要素，按不同版面功能区，进行有组织、有目的的组合排列的设计行为与过程，以更好地传达版面信息，如图 1-5 和图 1-6 所示。

图 1-5

图 1-6

思考如何使有限的空间看上去宽广，这不仅是节约版式空间的方法，也可以成为编排版式中元素的方法。需要注意的是，节约版式空间不等于美化空间，从某些层面而言，节约空间只是利用好空间的一种方法。在版式设计中，节约空间是否就等于利用好版面空间了呢？其判断标准并非那么简单，它还与设计的具体内容与构思等相关。

那么到底怎样才算利用好空间呢？下面来做具体介绍。

二、版式空间分配有妙招

1. 突破常规格局

节约空间有时会使版面中的元素过于拥挤，虽然从某种意义上来说，节约了空间便等于利用好了空间，能在有限的版面中注入更多的信息，但过密的组合不能使版面变得美观，如图 1-7 和图 1-8 所示。

一旦确定好正文中各个部分的侧重点后，便可以开始设置适当的字体和版式，如果各级标题有着不同的重要程度，应该尽量确保在视觉上就能够将它们区分开来。把一行或一个字分成不同部分，或者对一个标题运用不同大小的字号，这样的画面看起来会更有灵动性，不会呆板。如果是英文，则可以把介词或者连接词设置成小一点的字号，以此突出重点文字。所以标题内容本身也有重点层级的区分。图 1-9 和图 1-10 中"The"的位置最高，这样处理的原因是可打破其规矩的画面，使版式不呆板。

图 1-7

图 1-8

图 1-9

图 1-10

2. 分配元素空间

根据作品的不同，版式设计会出现各种不同的形状空间，但都属于二维平面空间，其中最为典型的便是杂志、书籍、海报等方形空间。

版面中体现主题内容的图形和文字元素需要重点展示。除此之外，运用一些小元素对版面进行点缀能对主题起到补充说明的作用，同时可以丰富版面，从而增强版面的层次感，使其有阅读性和趣味性。常见的小元素主要包括背景底纹、标点符号、插画图案、几何图形、图片等，如图1-11和图1-12所示。

版面空间排列的关键在于，对将要设计的作品用途、功能、主题与风格的了解与分析，以及对其所要展示的内容做到了然于心。

如图1-13和图1-14所示，由于目的与作用不同，不同的版面会拥有不同的版式样式或图文比例，因而会产生不一样的视觉效果。广告、海报等版面的文字较少，且信息较为精练，因此版式中可能会出现大量的留白。留白让版式显得更加轻松，形成联想，从而吸引消费者，如图1-13和图1-14所示。

杂志、书籍版面则不同，或许其吸引人的正是那一个个从文字中流露出来的故事，或是文字中所描述的学术见解。

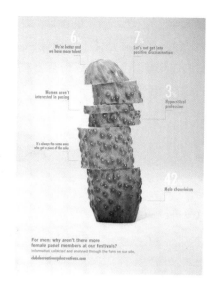

图 1-11

图 1-12

图 1-13

图 1-14

3. 取舍与保留

版式设计作为视觉传达的手段，不但要向观者传递信息，更要营造一种氛围，使观者能够融入其中，感同身受；同时还要留出一定的空间，使观者在阅读、观看之时能进行思考与回味。这种氛围、空间就需要通过留白来实现，即取舍与保留，如图 1-15 和图 1-16 所示。

图 1-15

图 1-16

版式设计中的"白"是指版面中文图之外的空白处，"黑"指版面中文图的实体。需要注意的是，"白"不一定就是白色的或者是空白无物的空洞空间，"白"可以是黑色或其他任何颜色，也可以是图形，只起着空白空间应起的作用——陪衬与烘托，只是在我们的下意识里或者是约定俗成的习惯里把它看成了背景。

在版式设计中经常会把重点放在"黑"的设计上，却容易忽视"白"的设计。从某种角度上说，留白是一种艺术。在平面设计中，内容太多或者太少都会导致版面整体上缺乏美感。其实，留白如同省略号一样，能够给人们带来更多的想象空间。留白是形象的延续，只有充分发挥留白的作用，体现其内在价值，才能在突出主题、提升内容美感的同时，给观者创造一个较为轻松、愉快的氛围。

版式设计中尽量不要同时采用太多方式表达强调和重点，如果在一个地方使用过多的技术，会让人眼花缭乱。这样不仅起不到强调的作用，相反还会淡化重点。当试图强调重点，并分出层次时，"少即是多"是一个很好的判断标准。

图 1-17 中强调的内容过多，标题加粗斜体加下画线，用了两种无关颜色，仅仅一页的内容就用了 4 种字体，没有突出重点，如图 1-18 所示。现在，调整方案如图 1-19 所示，去掉多余装饰，仅保留两种字体，只用黑灰两色，正好适合这张干净简洁的图片。

图 1-17

图 1-18

图 1-19

第二节 版式设计的历史沿革与传承

一、版式设计的起源

从人类文明初期开始，人类就对文字或图形符号进行有意识的排列来记录自己的生活，这就是版式设计最初的样子。

西方历史上最早有记载的版面形式，出现在公元前 3000 年左右的古巴比伦，美索不达米亚地区的苏美尔人最早创造了原始版面的排版形式。苏美尔人将湿泥做成块状泥板，后用木片刻画其上，形成具有凹槽的文字，这就是所谓的楔形文字，如图 1-20 所示。楔形文字按照一定的规律进行排列，形成了西方最早的编排形式。

　　与美索不达米亚文化处在前后时期的古埃及是文字的重要发源地之一。虽然巴比伦文明影响了古埃及，但埃及人并没有在文字书写方式上受到多少干扰，他们依然沿用早已经形成的自源象形文字，如图 1-21 所示。象形文字被广泛使用，在雕塑、石刻中屡见不鲜，尤其在纸草书上更是极为普遍。纸草书上常用精美的插图与文字相配合，使版式更加丰富，有人称这一现象是现代版式设计发展的最早依据，其特点在于利用版面已有区域的综合布局，虽然文字本身是象形形态，但与插图配合后并未显得版面累赘、重复；相反，却是图文呼应有序、精美绝伦，古埃及的《死亡书》如图1-22 所示。

图 1-20

图 1-21

图 1-22

　　到了公元 3 ～ 6 世纪，盛极一时的罗马帝国在内忧外患中走向衰亡，欧洲大陆逐渐进入中世纪。在这一时期，宗教传播的需要带来了书籍出版的繁荣，体现当时高水准版式设计的宗教手抄本在教士不知疲倦、一丝不苟的劳动中诞生。精美的插图与规范的文字混合编排，对文字以至于整本书籍所做的华丽烦琐的装饰，形成了当时宗教手抄本版式设计的基本特征，如图 1-23 和图 1-24 所示。

图 1-23

图 1-24

　　中国古代的版式设计也有着深厚的传统文化底蕴，历史悠久，样式繁杂，在世界设计艺术史上达到了很高的成就。从殷墟出土的甲骨文到大量刻画在青铜器上的经文，如图 1-25 和图 1-26 所示，我们可以发现一种从上到下、从右到左的版式形式被确立起来，并由此奠定了以后数千年中文版式的基本规范。这种规范甚至一直沿用到今天的中文竖排形式中。

　　人类发明了文字，又在为其寻找着更好的排列方式。从我们的先祖用树枝在土地岩石上刻画，到我们今天敲击着计算机键盘，这样的探索从来没有间断过。

图 1-25   图 1-26

二、新技术冲击下的版式设计

　　纸张和印刷术的发明，将版式设计推上了变革的舞台。早在汉武帝太始四年（公元前 93 年）的文献中，我们就可以看到关于纸张的记载，而造纸术被真正普及要归功于东汉的蔡伦。他在前人的基础上进行了改革，生产出了可以替代简帛的书写用纸。

　　印刷术在版式设计的发展历程中起着重要的作用。而印刷术发明的时间说法不一，较为可信的是唐朝说，在敦煌发现的唐代佛教经文《金刚经》被认为是现存最早的印刷品，如图 1-27 所示。唐朝发明了雕版印刷术并被广泛运用，一些经典的印刷品如药学经典《本草纲目》等形成了中国书籍版式设计的布局体例，插图与版面的规范得到确认。宋代以后，雕版印刷术不断得到改良，宋代毕昇总结出了活字印刷术。伴随着活字印刷术的出现，活字排版也随之出现，即通过预制好的字模来排版，形成了一种新的版式设计形式。

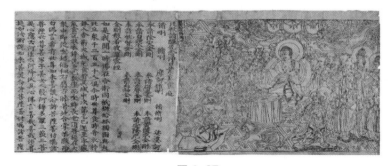

图 1-27

　　18 世纪开始，欧洲逐步进入了工业革命时期，造纸术和印刷术在西方得到了很大的发展，使版式设计得到了飞速的发展。19 世纪下半叶，英国兴起了"工艺美术运动"，标志着现代设计时代的到来。工艺美术运动的领袖人物是英国艺术家、诗人威廉·莫里斯（William Morris，1834—1896），他提倡合理地结合材料性质和生产工艺、生产技术和设计艺术，认为"美就是价值，就是功能"。莫里斯有句名言："不要在你家里放一件虽然你认为有用，但你认为并不美的东西"，即功能与美要统一。莫里斯作品刺绣墙壁挂毯和壁纸《忍冬》如图 1-28 和图 1-29 所示。

图 1-28　　　　　　　　　　　　　　图 1-29

　　技术革新的车轮从未停止，新的技术层出不穷。摄影术的出现和发展以及照相器材的进步，使图片的获取越来越容易，摄影图片越来越多地出现在现代平面设计中，引领了读图时代的到来。版式设计迈进了新的时代，拥有了更多表现语言与设计的手段。照片开始在版式设计中被广泛应用，传统技术下被认为难以实现的情况，在新技术的支持下，变得轻而易举。

　　以解放版式设计手段为特点的技术革新，在 1984 年又翻开了关键性的一页。苹果公司为个人计算机提供了绘图界面，对于版式设计而言，一个新的时代因为数码技术在平面设计中的应用而到来，有人称之为"桌面印刷时代"。这种技术推动了版式设计在诸多方面跨越性的发展，如排版成本的大幅度降低、众多新字体的出现、矢量图形与图像更方便的应用、版面中使用特效等。

　　20 世纪 90 年代，数码技术的发展日趋成熟，设计者开始广泛应用 QuarkXpress 和 Photoshop 等应用软件来完成版式设计作品。如今，在版式设计中利用数码技术已经不是新鲜事了，我们甚至无法想象离开计算机是否还能完成版式设计。

三、现代艺术对版式设计的影响

　　在版式设计的发展史上，现代艺术的影响起着重要的作用，赫伯特·斯潘塞 (Herbert Spencer) 在谈到现代版式设计的时候是这么说的："现代版式设计的根基与 20 世纪的绘画、诗歌和建筑的根基缠绕在一起。"他在书中写道："未来主义、达达主义、风格主义、至上主义和构成主义是一些发源于不同国家的运动，它们的目标各不相同，有的时候甚至冲突。然而，各个运动都用自己的方式对现代版式设计以及字词与形象的融合做出了重要贡献，以此来说明现代艺术对版式设计的影响。"俄罗斯的未来派艺术家在版式设计领域做出了重要的贡献，他们使用了大量不同大小的文字，对二维平面中的形式安排进行突破，从而开创了版式设计的新局面。法国、瑞士和德国的达达主义也为版式设计的探索开辟了一条新的道路。荷兰的风格主义和俄罗斯的构成主义对版式设计产生了巨大的影响，而立体主义大师们也对版式设计进行了一些探讨。

　　现代艺术家对版式设计的探讨在当时只是在小范围内产生了影响，然而，在接下来的时间里，很快就在商业活动中的版式设计上得到了体现。在这些商业设计中，人们发现了版式设计在满足文字阅读之外的另一项重要功能，就是注意力的分配和版面风格的表现。

第三节　版式设计的表现力

一、版式设计体现细腻心思

我们学习版式设计，在开阔眼界与思维的同时，也提高了我们的审美水平，不仅知道什么是好的，还知道什么是更好的。在这一过程中，我们的心思逐渐变得细腻，设计作品也会因此锦上添花，显得更加出色。

学习版式设计的过程中，你需要"统筹大局，兼顾细节"，也就是要对版面空间进行全面整体的把控，在整体把控的同时，添加细节让版式显得更加饱满与丰富。细节的添加不在于多，也不在于华丽，但要帮助版式更好地传达主题与信息，使版式整体显得更美观与均衡，如图 1-30 ~ 图 1-33 所示。

图 1-30

图 1-31

图 1-32

图 1-33

在版式设计的学习中，我们还需要有细腻的心思去完善与改进版式。抱着这样的心态，学习了版式设计后，你会有一颗越来越细腻的心。这是学习版式设计所获得的一种思维方式，这种思维方式也是版式设计的必需品。下面的优秀版式案例就是印证，如图 1-34 ~ 图 1-39 所示。

图 1-34　　　　　　　　　　图 1-35　　　　　　　　　　图 1-36

图 1-37　　　　　　　　　　图 1-38　　　　　　　　　　图 1-39

二、版式设计与创意表现

　　设计者在进行设计时，要关注设计作品能否起到沟通以及互动的作用，既要遵循设计要求来完成设计任务，也要关注人们是否能够理解其想要表达的思想或某种物质。优秀的版式设计往往能够轻易地做到这一点。设计者以优秀的创意理念进行版式设计，这个设计再通过传播介质，以非常鲜活、生动的方式展示给人们，在人们的心目中留下深刻的印象，使得传播影响力被最大化地提高，如图 1-40 和图 1-41 所示。

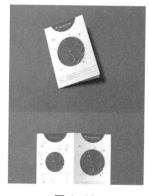

图 1-40　　　　　　　　　　图 1-41

在优秀的版式设计中，其颜色、文字、线条包括图像的用法，往往会给人一种混乱之中却有迹可循的奇妙感觉，这就是版式设计的魅力。

因为版式设计理念的普及，社会中的设计作品呈现出了一种良莠不齐的状态。一些简单的图像、文字以及颜色色块的混合体都被称为版式设计，这样的设计只会让观者感到混乱，起不到视觉传播的应有效果。因此设计者需要有较为丰富的艺术审美经验，然后运用到实际创造中，赋予作品灵动之美。

看优秀的版式设计作品与读一首好诗、听一段时代之音的观感是类似的。诗句可以分为五言绝句或七言律诗；同样地，版式编排也有着不同类型的划分，因而在进行版式设计的时候，可以先根据设计需求，确定版式类型。

1. 标准型版式

图1-42～图1-45所示的版式结构比较简单，效果表达比较直接，称为标准型版式。其结构组合一般都是标题和图片，然后是说明文字和标志图形。

图1-42

图1-43

在运用标准版式编排设计时，也会常常把文字、图像及版式线条呈左右适当斜置，减少版面的僵硬之感，如图1-46所示。

图1-44

图1-45

图1-46

2. 文字型版式

文字型版式，顾名思义，该版式中的主体构成部分必然是文字的应用，而图片、标志等其他元素只需起到衬托辅助的作用。例如，图1-47所示的是一个具有创意的文案海报，视觉层次结构明显，主题突出，独特的视觉效果对于传播而言可谓是如虎添翼。

3. 全图型版式

全图型版式是最具视觉冲击力的，往往整个版面全部被人物特写或创意应用的图片所占据，如图 1-48 和图 1-49 所示。在这种全图式风格中，加入适当的文字标题，视觉传达的效果是极其强烈的。

图 1-47

图 1-48

图 1-49

4. 重复型版式

重复型版式具有极强的画面趣味性，版式画面视觉效果有一种鲜明的节奏感。这种版式编排会选定某一固定的视觉元素进行重复排列，如图 1-50 和图 1-51 所示。

图 1-50

图 1-51

5. 散点型版式

散点型版式是打破形式美法则将视觉元素有意识地进行无秩序的排列，形成的一种特殊版式。在设计过程中，每一元素的位置都需要精心布置，稍有变化就会使整体版面杂乱无章。这种版式需要设计者进行长时间的设计思考，对每一个元素的排列进行合理安排，形成整体美观和谐的画面，如图 1-52 所示。

平面设计缤彩纷呈，版式设计五花八门。虽然列举了几种版式设计类型，但设计者在设计时还是不要拘泥于框架，要大胆地进行设计。

三、版式设计的应用范围

版式设计主要应用在包括报纸、书籍（画册）、产品样本、挂历、

图 1-52

招贴画、唱片封套和网页页面等平面设计的各个领域，如图 1-53 所示。好的版式设计可以更好地传达作者想要表达的信息，或者加强信息传达的效果，并增强可读性，使经过版式设计的内容更加醒目、美观。版式设计是艺术构思与编排技术相结合的工作，是艺术与技术的统一体。

图 1-53

随着人类生活水平的提高，人类越来越注重精神生活。比如书籍的出现为人类精神生活提供了更丰富的想象空间。后来出现的杂志、广告、产品包装等更丰富了人类的阅读，如图 1-54 所示的快递户外广告设计、图 1-55 所示的美国 Squat Design 设计机构的杂志封面设计、图 1-56 所示的唱片封套设计、图 1-57 所示的农用杀虫剂包装设计。所以版式设计广泛应用于读物、包装等基础设计中。

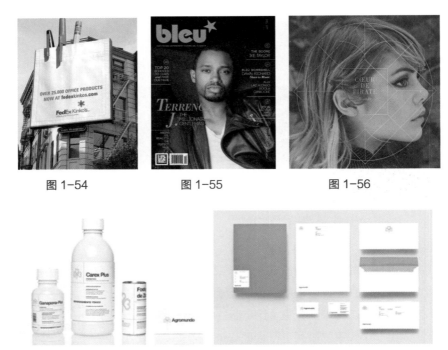

图 1-54　　　　　　图 1-55　　　　　　图 1-56

图 1-57

经济的发展和科技水平的提高，以及新媒体的出现，使人类获取信息的渠道不再局限于平面领域。因此，版式设计开始应用到影视和网页设计方面，如图 1-58 所示的韩国 KidsPlus 乐衣乐扣动画片卡通网站、图 1-59 所示的吉百利网站、图 1-60 所示的艾利和（IRIVER）网页。

图 1-58

图 1-59

图 1-60

第四节　版式设计的基本特征与基本要求

一、版式设计的基本特征

1. 直接性

版式设计要求将传播内容概括成简练的图形元素，通过对图形元素进行合理化的处理，高度浓缩传达的内容，提升其在版面中的视觉地位，高效传播所承载的信息，如图 1-61 和图 1-62 所示。这种信息传播的直接性不是对图形元素的简单编排，而是需要充分考虑设计作品的适应范围和信息传达的目的等客观因素。

图 1-61

图 1-62

2. 指示性

版式设计往往是和一定的商品及装饰对象联系在一起的，在设计过程中常常带有特定的指示性，即广告作用。从现代社会的信息传播情况来看，人们接收外界信息的模式发生了巨大变化，版式设计作为具体的传播方式，承载着诸多指示功能，以强化信息接收者的记忆。图 1-63 所示的为卡夫食品分拆公司"亿滋国际"的企业形象设计。

图 1-63

3. 规律性

任何设计都必须遵循一定的设计规律，版式设计在布局方面追求图形编排的完善、合理，以及有效地利用空间，规律地排列图形。这种布局要求图形元素之间互相依存，相互制约，融为一体，达到版面编排的目的。

二、版式设计的基本要求

1. 根据内容进行版面的编排

版式设计首先要明确传播信息的内容，确定设计的主题，根据主题选择合适的元素，考虑采用什么样的表现方式来实现形与色的完美搭配。在进行设计前，需要对设计内容进行调查研究，并收集资料、了解信息、熟悉内容的主要特征，然后分析收集的资料，以确定设计的版式。

版式的类型众多，有的中规中矩、严肃公正，有的动感活泼、变化丰富，也有的大量留白、意味深长，在设计时不能随意地运用版式，而要根据版面内容的特点来判断与运用。如果内容是偏娱乐性的，则选择时尚、活泼、个性化的版式；如果内容偏教育性、文学性的，则选择较为严肃的中规中矩的版式；如果内容面向儿童，则选择活泼、有趣的版式。

2. 了解版面率

版面率是指在页面上除了上下左右四周的余白，版面所占页面面积的比例。如果扩大页面四周余白，则版面率降低，页面所承载的信息减少，很容易使页面形成一种典雅高级的感觉，适合于需要创造安静和稳重气氛的版面。相反地，如果缩小页面四周余白，则版面率提高，页面所承载的信息增加，页面会给观者营造出充满活力且非常热闹的印象，适合于需要给观者传递大量信息且留下深刻印象的版面。

3. 版式设计中的顺序

版式设计中的顺序首先体现在设计流程上，这是设计的关键。想到哪做到哪的方式可能会使设计出现许多漏洞和问题，版式设计应按照合理的设计流程来进行，如图 1-64 所示。

①根据设计主题内容进行相关调查，深入了解主题内涵，熟悉设计主题背景，在设计初始阶段就要明确自己的设计宗旨。

②将搜集调查来的信息进行分类、分析，总结提炼设计焦点。

③根据分析结果，确认设计方案，确定适合的表现风格。

④依照设计方案和表现风格手绘草稿，在纸上手绘一些版式结构的草图。

⑤根据版式结构对图片与文字进行编排，使页面视觉上达到平衡，完成整个页面的设计。

图 1-64

版式设计中的顺序还体现在版面元素的主次关系，放大主体形象，成为视觉中心，以此表达主题思想。将版面中多种信息做整体编排，有助于建立主体形象，清晰版面层次，加强整体版面的结构组织和方向视觉秩序。因此，加强版面的主次关系与整体性可获得更良好的视觉效果。

第五节　版式设计的表现形式

版式设计的内容决定了所使用的版式，版式表达了版面的主题主旨。版式作为艺术形式中的一种，自然也遵循美的形式和美的原理。如图 1-65 所示，将重复交错、节奏韵律、对称均衡等表现形式运用于版式设计，能够克服设计中的盲目性，为设计提供强有力的依据，丰富设计的内涵。

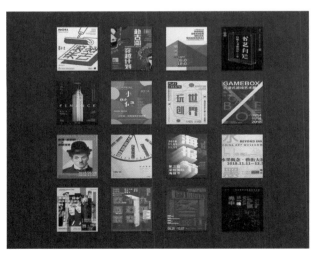

图 1-65

一、重复交错

重复使用的基本形或线的形状、大小、方向都是相同的，给人安定、整齐、规律、统一的感受。但重复构成的视觉感受有时容易显得呆板、平淡，缺乏趣味性的变化，因此，我们在版面中可安排一些交错与重叠，打破版面呆板、平淡的格局，如图 1-66 和图 1-67 所示。

图 1-66   图 1-67

二、节奏韵律

节奏是均衡的重复，是在不断重复中产生的变化。版式设计中的节奏是指按照一定的条理、秩序，重复连续地排列，形成一种律动形式。它有等距离的连续，也有断变、大小长短、明暗、形状、高低等的排列构成。版式中的节奏是多种多样的，如图 1-68 所示，可以看到形和色块错落形成的节奏、渐次变化带来的节奏、紧与松的对比形成的节奏、连续版面形成的相互间的节奏、文字的轻重缓急产生的节奏等。

而韵律不是简单的重复，是比节奏要求更高的律动。无论是图形、文字还是色彩等视觉要素，只要在组织上合乎某种规律，那么所给予视觉和心理上的节奏感觉即是韵律。韵律就像音乐中的旋律，不但有节奏，更有情调，它能加强版面的感染力，提升艺术的表现力，如图 1-69 所示。

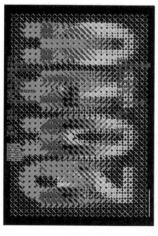 

图 1-68   图 1-69

三、对称均衡

　　两个同一形的并列与齐平，就是最简单的对称形式。对称能传达出平衡的感觉，是指两形的同形同量。对称的形式有以中轴线为对称轴的左右对称、以水平线为对称轴的上下对称、以对称点为源的放射对称、以对称面出发的反转对称。对称的特点是稳定、庄严、整齐、秩序、安宁、沉静。

　　均衡则是一种等量不同形或同形不等量的表现形式，稳中有动是其主特点。

　　对称与均衡是一对统一体，常表现为既对称又均衡，实质上都是求取视觉心理上的静与稳定感。均衡分为对称均衡与非对称均衡。对称均衡是指版面中心两边或四周的形态具有基本相同的量而形成的静止状态，对称均衡给人更庄严、严肃之感，是高格调的表现，如图 1-70 所示，但处理不好容易单调、呆板。非对称均衡是指画面存在视觉对比的情况下，由于某种联系，画面仍保持完美的视觉均衡状态。如图 1-71 所示，画面的上面是圆形，下面是 H 形，虽然它们在形体上存在巨大的差异，形成对比，但画面中所占版面面积相等，使得画面整体依旧保持一种平衡。非对称均衡比对称均衡更灵活生动，富于变化，是较为流行的均衡手段，具有现代感。

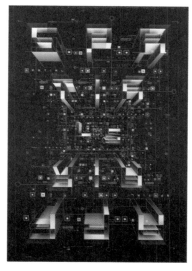

图 1-70

图 1-71

四、对比调和

　　对比是差异性的强调，同一版面上相异的视觉要素会造成显著对比，各视觉要素间都存在着一种对比关系，两要素相互比较之下产生大小、明暗、黑白、强弱、粗细、疏密、高低、远近、硬软、直曲、浓淡、动静、锐钝、轻重的对比，这些对比相互渗透并相互作用，最终产生强烈的视觉效果。对比与调和是相辅相成的。对比为加强差异，产生冲突；调和为寻求共同点，缓和矛盾。所以许多版面常表现为既对比又调和，两者相互作用，不可分割。两者互为因果，共同营造版面的美感，如图 1-72 所示。

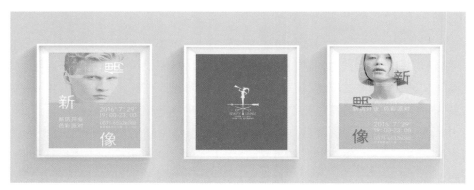

图 1-72

五、比例适度

　　比例是形的整体与部分以及部分与部分之间数量的一种比率。比例又是一种用几何语言和空间关系表现现代生活和现代科学技术的抽象艺术。优秀的版式设计，首先取决于良好的比例。黄金比能实现最大限度的和谐，使被分割的不同部分产生相互联系。适度是版面的整体与局部与某些特定标准之间的大小关系，也就是排版要适合读者的视觉心理。比例适度，通常具有秩序、明朗的特点，给人一种清新、自然的感觉，如图 1-73 和图 1-74 的优秀海报所示。

图 1-73

图 1-74

六、变异秩序

　　变异是规律的突破，是一种在整体效果中的局部突变。这一突变之异，是整个版面最具动感、最引人关注的焦点，也是其含义延伸或转折的始端，变异的形式有规律的转移、规律的变异，可依据大小、方向、形状的不同来构成变异效果，如图 1-75 和图 1-76 所示。秩序是版式设计的灵魂，它是一种组织美的编排，能体现版式的科学性和条理性。在秩序中融入变异，可使版面获得灵动的效果。

图 1-75

图 1-76

七、虚实留白

中国传统美学上有"计白守黑"的说法，其中"黑"是指编排的内容，也就是实体，"白"就是指留白。留白是指版面中未放置任何图文的空间，它是"虚"的特殊表现手法。"虚"也可为细弱的文字、图形或色彩，根据内容而定。虚实对比处理往往能使版面层次更丰富，如图 1-77 和图 1-78 所示。

图 1-77

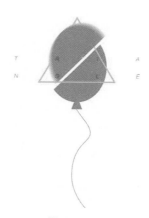

图 1-78

阅读时，读者容易将兴趣放到文字和图片上，往往忽略留白。版式设计中，留白并没有受到应有的重视，人们常认为留白会使版面显得空乏无物。其实不然，现代版式设计适当的留白可以使版面形成一定的节奏感和韵律感。版式设计要做到疏密得当、张弛有度，很多时候都要靠留白来实现。留白要适度，过度的留白，会使画面跳跃过大，可读文字过少，浪费版面，产生信息阻滞，如图 1-79 所示。

BRAND MEANING

Struggle in a corner of the fashion industry
by europeans and americans, black black e
yes of Asian designer kenzo has become th
e most famous of these.He for us and Euro
pean fashion culture has injected fresh Ori
ental verve.

图 1-79

八、变化统一

变化与统一在版式中发挥着不同作用。变化的作用在于改变编排结构，赋予版式生命力；统一的作用在于利用规整的排列组合，避免版式整体显得杂乱无章。

在版式设计中，变化与统一之间存在着对立的空间关系，可以利用变化来丰富版式的结构，以打破单调的格局；同时通过统一来巩固版面的主题内容，从而使版式在形式与内容上达到面面俱到的效果，如图 1-80 和图 1-81 所示。

图 1-80

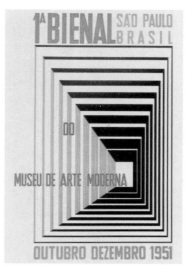

图 1-81

第 2 章
版式设计的构成要素

学习要点及目标：

1. 了解版式设计的构成要素
2. 掌握点、线、面在版式设计中的作用
3. 掌握版式设计的构图方式

核心概念：

点、线、面　构图方式　表现形式

版式设计就是在有限的版面空间内处理和协调好点线面之间相互依存、相互作用的关系，组合出各种各样的形态，构成有新意的符合大众审美的版式。点、线、面是构成视觉空间的基本要素，也是版面构成的主要语言。不管版式如何复杂，最终都可以简化到点、线、面。

第一节 活跃的点

点是一种只有位置、没有形状的视觉元素，是构成图形和图案的最基本的元素符号，是版式设计的基础。

作为造型中最小的单位，点没有严格的定义，不局限于用一个小圆点来表示，而是在整体比较中存在的一个相对的概念，可以有大小的变化、形态的变化、色彩的变化以及肌理的变化，是最简单、最基本的视觉构成元素。点本身并不具备任何情感因素，它随着人们的视觉习惯、主观意识和心理变化而变化。点只有处在特定环境中才会给人带来特定的情感，进而具有多样的生命表现力，如图2-1～图2-4所示。

图 2-1

图 2-2

图 2-3

图 2-4

一、什么是点

一个较小的形态称为点，一条线的起始或终结也是点，两条或几条线的交叉处仍然可以称为点。点在形象设计中不是孤立存在的，它必然会依附于某个形体，它的形状不固定，可以是任意形状。

点的性质由空间环境决定。点在空间环境中占有较小的面积。点具有张力作用和紧张性，在空间的衬托下，点很容易将视线吸引和聚集。版面中的点由于大小、形态、位置不同所产生的视觉效果不同，心理的作用也不同。小点起强调的作用，大点具有面之感。当点在行首时，起引导、强调的作用；当点居于版面中心时，上下左右空间对等，有庄重之感；当点偏右或偏左时，有向心移动之势，贴近画面边缘则产生离心之动感；当点偏上或偏下时，有上升或下沉之感。如图2-5所示，版面中点的大小、位置不一，给人不同的视觉感受。

点在一定的面中具有静的感觉，点规律排列则产生有节奏的韵律感，不规则的排列运用，则产生更生动活泼的感觉，如图 2-6 和图 2-7 所示。

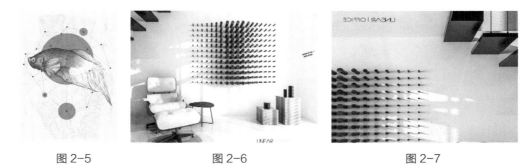

| 图 2-5 | 图 2-6 | 图 2-7 |

二、点在版式中的作用

点由于形态、大小、位置的差别，会产生完全不同的视觉效果，单独的一个点会成为视觉中心，起到强调的作用。很多版式设计就把主要的视觉元素以点的形式处理，置于大范围空白版面的中心位置，使其成为视觉中心。点可以通过有序排列产生律动的美，通过大小、疏密的变化，给版面带来动感。

版式设计中的"点"灵活多变，可以成为画龙点睛之"点"，和其他视觉设计要素相对比，形成了画面的中心，如图 2-8 和图 2-9 所示；可以和其他形态组合，起着平衡画面轻重、填补空间、点缀和活跃画面气氛的作用，如图 2-10 和图 2-11 所示；可以成为一种肌理或其他要素，衬托画面主体，如图 2-12 和图 2-13 所示，可以规律或不规律地排列，形成动感，如图 2-14 和图 2-15 所示。

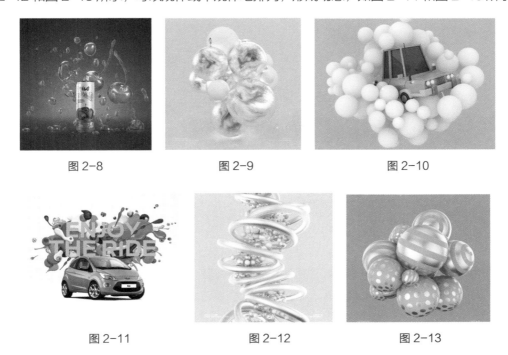

| 图 2-8 | 图 2-9 | 图 2-10 |

| 图 2-11 | 图 2-12 | 图 2-13 |

图 2-14　　　　　　　　　　　　　图 2-15

三、点在版式中的构成

　　排列好"点"能够使版面产生不同的效果，给观者带来不同的心理感受。把握好"点"的排列形式、方向、大小、分布，可以形成稳重、活泼、动感、轻松等不同的版面效果。最常见的"点"的分布形式有上下式、左右式、右上式、左上式、右下式、左下式、边缘发散式、中心发散式和自由式。其中，边缘发散式和中心发散式都有一定的规律，而自由式没有任何固定的规律，可以任意组合。图 2-16 和图 2-17 中的版式将"点"放在页面中心，以突出主体，使视觉对称，形成稳定的感觉。

图 2-16　　　　　　　　　　　　　图 2-17

　　无论是单纯的点排列、点的线化处理还是点的面化处理，它们都不会单独地出现在版式设计中，而是以相互组合的方式呈现在观者眼前，通过组合的表现方式使版式结构变得多元化。

　　通常情况下，我们会选择两种在形式上具有对比性或共存性的表现法则来进行组合。例如，点的面化处理能巩固版面的凝聚力，而单独的点元素则能带来视觉上的专注感，将这两种在视觉上具有互斥效果的编排方式结合起来，可以增添版式结构的多元化效果，从而给观者留下深刻的印象。

第二节 灵动的线

一、什么是线

线是点移动所产生的轨迹。线有着与点截然不同的形态，具有长度、位置和方向感，线比点更具性格。线有直线和曲线两种基本类型，不同类型的线有着不同的性格，直线表示静，曲线表示动。从生理和心理角度看，直线具有男性要素，曲线具有女性要素。

线条种类包括垂直线、水平线、斜线、曲线，还有各种线条的组合等。

垂直线有引导人们视觉沿线滑动的特性，产生上下拉长的效果。两条接近的垂直线比单独一条线更为有力，但是，若在一个面上，设置相互接近的垂直线，线条的数量越多，线条本身的特性就越弱，甚至会丧失滑动的特性，而诱导视觉向两边移动，最终产生宽阔的感觉，如图 2-18 所示。

图 2-18

曲线的种类很多，可以形成圆、半圆、弧线、波形线、螺旋线等，它具有温和、女性化、优美、温暖、富有立体感等特性。曲线的恰当应用，能增加动感；反之，如果应用不当，则会显得不安定，缺少稳定感，如图 2-19 和图 2-20 所示。

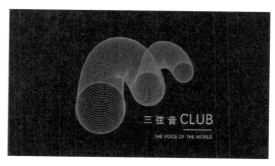

图 2-19

图 2-20

二、线在版式中的作用

线的表现形态丰富多彩，在版式设计中，线可以是一排文字、一条空白或一条色带等。每一条线都有属于自己的独特的表现方式，不同的线会给观者不同的心理感受。水平的直线给观者稳定平和的感受；竖直的直线则能够限定整个版面的空间，给观者坚定的视觉感受；斜向的直线能给予版面极大的视觉冲击力，形成强有力的动势，运用在版面的中心能产生聚焦视线的效果；弧线和曲线则会带来意想不到的韵律感和节奏感，使整个版面自由活泼并富有变化。另外，线的粗细也表达不同的情感。线细，会传达出一种精致的感觉，版面显得轻快而有弹性，当线加粗时，版面则会显得稳定，庄重感强，如图 2-21 所示。

　　线在版面构成中除了在心理上起的作用外，还有其他重要作用。线封闭后能构成各种不同的形状。线有引导和指示作用，如图 2-22 和图 2-23 所示，线重复排列时，线就有了运动趋势，引导观者的视线。在版式设计中，线还时常用来分割版面，将版面划分成不同的信息区块，方便用户阅读。线还能够撑起版面，起到版面骨骼的作用。

图 2-21　　　　　　　　　　　图 2-22　　　　　　　　　　　图 2-23

三、线在版式中的构成

　　在版式设计中，线也是版面重要的构成元素，与点相比较，线更强调方向和线形，因此由线构成的版面显得更加变化多样，如图 2-24 和图 2-25 所示，它们是由线构成的版面。

图 2-24　　　　　　　　　图 2-25

　　线在版面中的视觉冲击力要强于点。改变线的长短或者粗细比改变一个点的大小对版面的影响大得多。如果把版面的视觉要素用线串联起来，会使整个画面充满流动感，画面也会显得更加稳固，如图 2-26 和图 2-27 所示。

图 2-26　　　　　　　　　　　　　　　图 2-27

　　版式设计中线的概念不仅指版面中那些明确看得见的线，也指版面空间中无形的流动的线，即视线。在看一幅平面作品时，视线是随着版面元素的主次、方向、位置而移动的，这种视线的流动会形成不同形式的线，如图 2-28 所示。

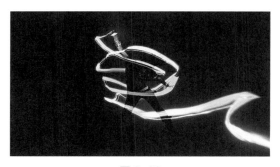

图 2-28

　　在版式设计中，对不同性质的线运用得当，则能丰富版面的空间层次，正确引导视线。线有其他视觉元素所不具有的分割作用，可使版面各个元素间相互分离又存在内在联系，如图 2-29 ～图 2-32 所示。

图 2-29　　　　　　　　　　　　　　　图 2-30

图 2-31   图 2-32

第三节   凸显张力的面

一、什么是面

面在版式中的概念，可理解为点的放大、点的密集或线的重复。另外，线的分割产生各种比例的空间，同时也形成各种比例关系的面，如图 2-33 所示。相对于点和线来说，面具有长度和宽度，没有厚度，是体的表面，同时还受线的界定，具有一定的形状。面在空间中占的面积最多，具有明显的量感和实在感。

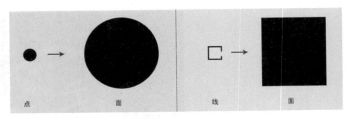

图 2-33

面可以被划分为积极的面和消极的面，积极的面是指由点、线的移动或放大而形成的面，即常说的实面，而消极的面则是由点、线聚集而产生的面，即虚面。在版式设计中，一种常见的面的形式就是由文字构成的虚面，如图 2-34 和图 2-35 所示。

图 2-34   图 2-35

二、面在版式中的作用

　　面可以对版面进行区域的划分。一段文字或一张图片就是一个区域，在区域里面的信息高度相关。平面设计中的空间感主要依靠面来表现，其关键在于远、中、近的空间层次关系的处理。最常用的方法是将主体元素或标题文字放大，将次要元素缩小，使主次、强弱分明，同时使版面富有韵律感和节奏感。如图 2-36 所示，版面中的灰色块对版面进行了区域的划分，在版式设计中我们将这种手法称作垫色区域划分法。试想，如果版面中没有灰色块和黄色块，只有三个酒瓶，那么页面效果会显得空洞，整个版面也立不住。通过垫色的处理手法，版面更加富有变化。

　　杂志页面中的图片都可以理解为面的应用，如图 2-37 所示，图片是一个面，段落文字也是面的变体。这样，版面中图片和文字的区域更显得条理清晰，阅读的时候会有暗示性的区域划分。

图 2-36　　　　　　　　　　　　　　　　　　图 2-37

　　根据面的形状和边缘的不同，面的形态会产生很多变化，展现出不同的性格和内涵，给观者带来不同的视觉心理感受。面主要分为几何型和自由型两大类。几何型面的基本形状有圆形、三角形、正方形等，这些形在版式中给观者带来不同的视觉感受。圆形具有运动感，三角形具有稳定性、均衡感，正方形具有平衡感，如图 2-38 和图 2-39 所示。自由型面相比几何型面则变化更多，具有随和活泼之感。

图 2-38

图 2-39

三、面在版式中的构成

面在版面空间上占有的面积最多，在视觉上要比点、线来得强烈、实在，具有鲜明的个性特征，视觉影响力最大，它们在画面中往往是举足轻重的。因此，在设计时版面元素相互间整体和谐，才能产生具有美感的视觉形式。在版面中，面的表现包容了各种色彩、肌理等方面的变化，同时面的形状和边缘对面的性质也有着很大的影响，在不同的情况下面的形象可以产生极多变化。

直面具有稳重、刚强的特点，象征着男性的性格特点，如图 2-40 所示；曲面具有动态、柔美的感觉，代表着柔和的女性美的特点，如图 2-41 所示；几何面具有简洁、明快、理性的特点，给人一种理性的感觉，如图 2-42 所示；有机形体面具有生机、优美的特性，引人联想，如图 2-43 所示，版面上的鸽子形象是自然形象的高度概括，这种形象会使人自然地联想到与之相对应的象征意义，正如"鸽子"象征着追求和平的意愿；偶然形态具有一种不可复制的意外性和生动感，表现出一种自然美和朴实感，如图 2-44 和图 2-45 所示，版面的背景是由墨汁喷溅得到的，这种效果具有很强的随机性，传达出一种自然的美感。

图 2-40

图 2-41   图 2-42   图 2-43

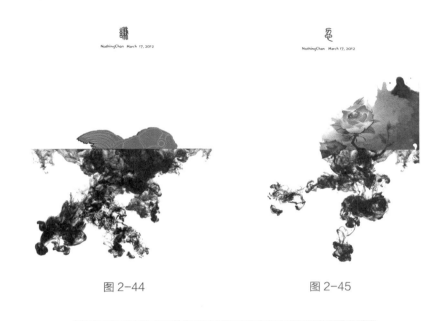

图 2-44　　　　　　　　　　　　　图 2-45

第四节　肌理表现和色彩设计

一、肌理元素表现版面质感

　　所谓肌理就是人们在日常生活中所说的质感，通常情况下，肌理被划分为触觉肌理和视觉肌理两种，前者依靠触觉感受，后者则依靠视觉感受。肌理也是版式中的一种基本要素，有各种粗细与色彩的变化，在版式设计中，肌理的表现是非常丰富的，不同的图片、文字与纸张可以构成视觉品质完全不一样的肌理效果，印刷工艺的发展与革新也带来了新的肌理，如亚光、上光、凹凸等效果，极大地丰富了画面的视觉效果。

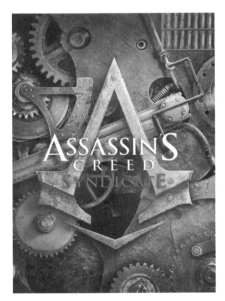

图 2-46

1．肌理背景的应用

　　任何视觉形象的组合，不管它们是图形、文字还是底色，是具象的还是抽象的，它们都会构成一种复合的肌理。我们应该注意从画面整体出发，研究和调节肌理与内容之间的关系。如图 2-46 所示，该海报的整体表现了强烈的机械质感与内容的相辅相成。

2．文字肌理的应用

　　在版式设计中，字体作为肌理的一种表现往往被人们忽视。实际上，文字肌理在版式设计中有非常重要的意义，它可以为设计者选择字体、字号、粗细等提供视觉上的参考依据。

3. 运用肌理对比度突出版面视觉效果

肌理的对比是版式设计中一种重要的视觉手段，肌理的美感在对比中表现得更为充分，各种视觉要素构成的复合肌理具有强大的视觉表现力。

在设计中使用肌理效果，要注意画面整体的平衡。增加视觉元素的肌理效果，元素的重量感会随之增加，如图 2-47 所示，《ASSASSIN'S CREED:ORIGINS》海报中背景元素很多，已经非常复杂，这时候需要添加肌理效果来突出标题，增加标题的重量感，起到物与底的平衡。

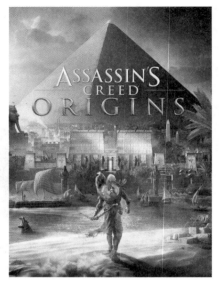

图 2-47

二、色彩元素表现版面情感

在版式设计中，色彩也是非常重要的基本要素。学习运用色彩是一个长期积累的过程，需要在了解各种色彩原理的基础上不断实践和总结。

在版面中色彩可以直接将需要传达的内容传达给受众。不同的色彩具有不同的表现力，在设计版面时，应从以下两个方面着手，运用色彩表现版面情感。

1. 依据色彩的性格，进行色彩的心理联想

色彩可以给人直接或间接的心理联想，大多数心理联想与人对客观对象的感受有关。在版式设计时，要注意色彩与内容的协调，以及彼此间的呼应关系，即所使用的色彩与内容的感情色彩相一致。色彩的视觉效果、情感效果、象征效果与内容相符，才能使观者产生愉悦感，如图 2-48 所示。

图 2-48

2. 通过色彩组合

色彩的表现常常是通过色彩间组合的方式。色彩间的组合构成了色调，也就是组合中色彩统一形成的某一色彩的倾向性。色彩的表现力总是建立在色彩的面积、明度、色相、纯度的综合关系上。这些色彩要素的每一种变化都能给人带来不同的感受。

色彩组合的方式一般有两种，一种是同类色组合，另一种是对比色组合。

同类色组合，即在版面上用同一色系的色彩，仅在色彩的明度、纯度上做相应变化，版面色彩搭配和谐统一，如图 2-49 所示。

对比色组合，主要是色彩间色相、纯度、冷暖的对比。在版式设计中色彩的对比增强了版面空间的层次感与视觉冲击力，如图 2-50 所示，但需要注意的是，强烈的对比会产生冲撞效应，所以

在运用时要格外小心。

图 2-49　　　　　　　　　　　　　图 2-50

第五节　版式设计中的构图方式

版式设计中，构图对画面的基调、形式感、视觉冲击力起着很重要的作用。版式设计中的构图方式主要包括骨骼型、满版型、上下分割型、左右分割型、中轴型、曲线型、倾斜型、对称型、重心型、三角型、并置型、自由型和四角型。版式构图的原则是，变化中求统一。

一、骨骼型

骨骼型构图是运用黄金分割法则进行版面的分割，将具有重复性与组合性的画面，运用骨骼划分为不同的区域，每个区域具有不同的功能，使图形与文字的编排次序化、条理化、规范化，使版面产生和谐与统一的视觉效果，使形式表现与内容传达合乎逻辑，做到形神兼备。

常见的骨骼型构图有通栏、双栏、三栏和四栏等横向和竖向分割。应用中以竖向分栏居多。图片和文字在编排上严格按照骨骼比例进行编排配置，会给人以严谨、和谐、理性的美。骨骼经过相互混合后的版式，既有条理有规则，又活泼而具有弹性，如图 2-51 和图 2-52 所示。

图 2-51　　　　　　　　　　图 2-52

二、满版型

满版型构图以图片信息为重点，将图片铺满整个版面，视觉冲击力强烈，给人以直观、明了的视觉感受，整体效果大方、舒展，且层次分明。满版型构图是商品广告常用的形式，如图 2-53 和

图 2-54 所示。

图 2-53   图 2-54

三、上下分割型

上下分割型构图是一种比较简单、快捷的版面划分方式。它将整个版面划分为上、下两个部分，使图文组合分工更为明确，版面简洁易于阅读。上下分割型的最大特点是把整个版面分为上下两个部分，在上半部或下半部配置图片，另一部分则配置文案，有图片的部分感性而有活力，文案部分则理性而静止，如图 2-55 所示。

图 2-55

四、左右分割型

左右分割型构图是指将整个版面划分为左、右两个部分，分别放置图片和文字。这种分割类型的版面通过图片、文字的强弱对比营造一种视觉上的不平衡感，从而增强版面活跃性，如图 2-56 所示。

图 2-56

五、中轴型

中轴型构图可保证版面各构成元素之间的平衡感。该版式的最大特点是将图形元素做水平或垂直方向的排列，布置在版面中轴线上，文案以上下或左右配置。水平排列的版面给人稳定、安静、和平与含蓄之感，垂直排列的版面给人动感和延伸感，醒目大方，如图 2-57 所示。

图 2-57

六、曲线型

曲线型构图是指将版面中的主要视觉元素进行排列结构上的曲线编排，使其产生一种韵律感。这种构图方式能够引导观者的视线按曲线流动，给人一种柔美、优雅的视觉感受，营造出轻松、舒展的气氛，如图 2-58 和图 2-59 所示。

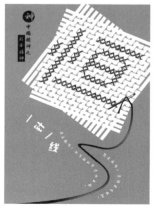

图 2-58　　　　　　　　　　图 2-59

七、倾斜型

倾斜型构图是指将版面中的文字或图片等视觉元素进行倾斜编排，这种版式构图能使平静的版面变得动感十足、生机盎然，给人一种飞跃、冲刺的感受，具有强烈的视觉冲击力，引人注目。图2-60和图2-61所示的两张海报充分表现了倾斜型构图的特点，具有动感。

图 2-60   图 2-61

八、对称型

对称型构图是利用版面中的轴心将版面元素进行上下、左右或其他方式的对称，对称型构图给人一种平衡、稳定、理性的感受。对称分为绝对对称和相对对称。在版式设计中一般多采用相对对称手法，以避免过于严谨。对称一般以左右对称居多，如图2-62和图2-63所示。

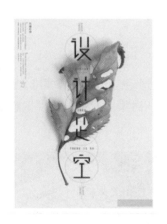 

图 2-62   图 2-63

九、重心型

重心型构图产生视觉焦点，使其视觉元素更加突出。重心型构图分为三种类型，其一是直接以独立且轮廓分明的形象占据版面视觉中心；其二是向心型，视觉元素向版面中心聚拢运动；其三是离心型，视觉元素犹如石子投入水中，产生一圈一圈向外扩散的弧线运动，如图2-64～图2-66所示。

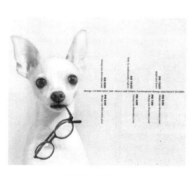

图 2-64　　　　　　　　　图 2-65　　　　　　　　　图 2-66

十、三角型

三角型又称金字塔型，是基本图形中最能给人安全感的。版式设计中的三角型构图又可分为正三角型和倒三角型两种。正三角型有着最为稳定的图形结构，给人稳定、安全、值得信赖的感觉，如图 2-67 所示。倒三角型给人动感和多变的紧张感，如图 2-68 所示。

在版式设计时，运用正三角型构图要避免版面呆板，可用文字的编排来打破其死板性，相应地，在运用倒三角型构图时要注意在画面产生动感的同时要保持版面的稳定性。

图 2-67　　　　　　　　　　　　　　　　　图 2-68

十一、并置型

并置型构图是指将多个图片以相同大小，按照一定的规律进行有秩序的重复排列，多用于展现一组或一系列相近的图片。由于图片大小一致，形式相同或相近，很容易引起视觉上的重复印象，版面富有规律性，给人以整齐、统一的视觉感受，如图 2-69 所示。

十二、自由型

自由型构图是指将版面中视觉元素分散排列在版面的各个部位，给人自由、轻快的感觉。将版面构成要素

图 2-69

做不规则分散状排列，会形成随意、轻松的视觉效果。采用这种构图时应注意版面元素大小、主次的配置，还应考虑视觉元素位置的疏密、均衡和整个版面的视觉流程等。这种貌似随意的分散，并不代表杂乱无章，需要把握整体的协调性，保证统一完整的感觉，如图 2-70 和图 2-71 所示。

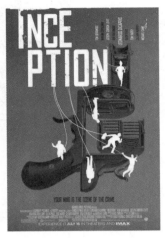

图 2-70   图 2-71

十三、四角型

四角型构图是将版面视觉元素分别安排在版面的四角，或者在连接四角的对角线结构上编排，其结构规范，给人一种严谨、规整的感觉，如图 2-72 所示。

图 2-72

第 3 章

版式设计的网格系统

学习要点及目标:

1. 了解版式设计的网格系统
2. 梳理版式设计中的网格类型
3. 学会应用网格设计
4. 了解如何打破网格的设计

核心概念:

网格类型　网格特点　网格功能

掌握网格系统是进行版式设计必须具备的基本技能，网格系统使版面中视觉元素协调一致成为可能。

第一节 网格概述

在版式设计中，并非所有版式都需要网格的约束，但网格系统在一定程度上可以保持版面的均衡，使版面中的文字和图片协调统一，而没有网格的版式很容易给人混乱的感觉。

一、什么是网格

著名的瑞士设计师约瑟夫·米勒·布罗克曼说："网格使得所有的设计元素——字体、图片、美术之间的协调一致成为可能。网格设计就是把秩序引入设计中的一种方法。"

网格是一种包含一系列等值空间（网格单元）或对称尺度的空间体系，它在形式和空间之间建立起一种视觉和结构上的联系。网格能够决定版面上视觉元素的零散或整齐程度，以及版面上插图和文字的比例。

网格就是通过严格的计算并运用比例关系划分版心。网格能够有效地划分元素并分布区块，从而更好地掌握版面的比例和空间感。在设计时，常常将版面划分为一栏、两栏、三栏或多栏，使版面具有节奏感，如图 3-1 所示。

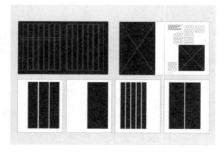

图 3-1

二、网格的特点

网格的特点是重视版面的比例感、秩序感、整体感、严肃感，使整个版面具有简洁、朴实的艺术表现风格。网格是编排书籍、报纸、杂志、广告、产品样本、展览画册等的有效设计方法，如图 3-2 和图 3-3 所示。

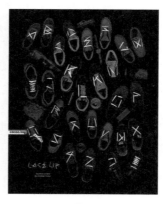

图 3-2   图 3-3

网格设计也是有规律的。网格的数量与版式设计的主题有着密切的关系。通常，在娱乐性的主题上使用活跃的复合网格系统设计，如图 3-4 所示；在严肃的主题上使用理性的对称式网格系统设计，如图 3-5 所示。网格设计能够使多个版面形成系列，即使在视觉元素变化的前提下，也能保持版面风格的一致，如图 3-6 所示。

图 3-4　　　　　　　　　　图 3-5　　　　　　　　　　图 3-6

三、网格的功能

网格最重要的作用就是约束版面，使版面有次序感和整体感，合理的网格结构能够帮助设计者在设计时掌握明确的版面结构，如图 3-7 所示。

图 3-7

网格具有信息组织的功能，能够帮助布局版面中的各种元素，使各元素迅速并准确地归置到一定的位置，并使其保持一定的视觉连贯性和持续性，如图 3-8 所示。

网格针对那些文字信息量较大的版面非常实用，它能够使文字合理地分块，将文字规整为几何形态，使版面简洁大方，具有阅读的关联性，如图 3-9 所示。

图 3-8　　　　　　　　　　图 3-9

第二节　网格的类型

网格系统有以下几种类型。

一、对称网格

对称网格是针对左右两个版面或一个对页而言，左右两页拥有相同的页边距、相同的网格数量、相同的版面安排等。对称网格的左右两边结构相同,版面中的网格是可以进行合并和拆分的,因此能够有效地组织信息,平衡版面,如图3-10所示。

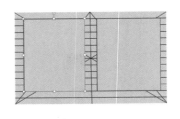

图3-10

对称网格主要分为4种形式:单栏对称网格、双栏对称网格、三栏对称网格、多栏对称网格。

单栏对称网格,如图3-11所示,一般用于纯文字性书籍,如小说、文学著作等。该网格文字的编排过于单调,容易使人产生阅读疲惫的感觉,如图3-12所示。因此,在使用单栏对称网格时,可以适当地在版面中配以图示,以缓解画面的枯燥感,如图3-13所示。

图3-11

图3-12

图3-13

双栏对称网格,如图3-14所示,其在文学类书籍、杂志内页正文中运用十分广泛。这种网格可用于纯文字版面,但文字的编排比较密集,画面显得单调,如图3-15所示;也可用于图文版面,例如用左边放置文字、右边放置图片的方法将版面进行划分,增强版面的变化性,如图3-16所示。

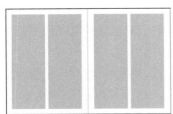

图3-14

图3-15

图3-16

三栏对称网格,如图3-17所示,将版面左右页面各分为三栏,适合版面信息文字较多的版面,可以避免每行字数过多造成阅读时候的视觉疲劳。三栏网格的运用使版面具有活跃性,打破了单栏的严肃感,如图3-18所示。

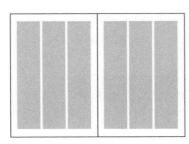

图3-17

图3-18

多栏对称网格,如图3-19所示,这种版式设计适合编排一些表格形式的文字,比如联系方式、术语表、数据目录等信息。在较小面积的页面上，这种版式的单栏太窄，不适合编排，如图 3-20 所示。

图 3-19

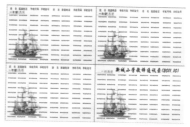

图 3-20

二、非对称网格

非对称网格是指对页的排版打破对称的格式，在编排的过程中，根据版面需要调整版面网格栏的大小比例，使整个版面更灵活，更具有生气，强调页面的视觉效果。非对称网格一般适用于设计散页，如图 3-21 所示。

图 3-21

三、模块网格

模块网格也称单元网格，是指以单元模块为基础的网格设计，如图 3-22 所示。它分为对称模块网格和非对称模块网格。

对称模块网格是指将版面分成同等大小的单元模块，再将版面中的文字与图片安置在相应单元模块中的网格形式。这样的网格可以随意编排文字和图片，具有很大的灵活性。单元模块之间的间隔距离可以自由放大或者缩小，但同一个版面中每个单元模块四周的间距必须相等，如图 3-23 所示。

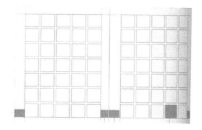

图 3-22

图 3-23

非对称模块网格是将版面分成不同大小的单元模块，再将版面中的文字与图片安置在相应单元格中的网格形式。在用非对称模块网格编辑大量文字和图片时，可以通过各种排列组合方式，得到多种多样的版面形态。通过单元模块合并等方式可以灵活地调整文字和图片的大小以及位置，使版面丰富多彩而不显杂乱，如图 3-24 和图 3-25 所示。

图 3-24

图 3-25

四、基线网格

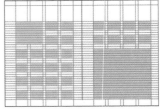

基线网格是通过辅助版面设计的基准线为版式设计提供视觉参考的网格形式，如图 3-26 所示。基线是一些水平或竖直的直线，对文字、图形的位置、大小等起到规范作用，帮助版面元素按照要求准确对齐。基线网格的大小宽度与文字的大小有着密切关系，需要根据字体的大小进行增大或减小。

图 3-26

五、成角网格

成角网格在通常情况下都是选择相同角度进行倾斜的，以避免造成版面内容的混乱，成角网格在版式设计中的应用使版面结构错落有致，变化多样，如图 3-27 和图 3-28 所示。需要注意的是，设置成角版面倾斜角度与文字方向角度时，应充分考虑到人的阅读习惯，角度不宜过大。

图 3-27

图 3-28

第三节　网格设计

一、网格的创建

一套良好的网格结构可以帮助设计者明确设计风格，排除设计中随意编排的可能，使版面统一规整，如图 3-29 和图 3-30 所示。

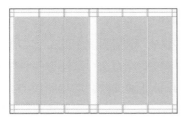
图 3-29

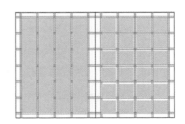
图 3-30

设计者可以通过以下两种方式创建网格。

（1）根据比例关系创建网格

在版式设计中，可以利用版面中构成元素的比例关系创建网格。德国字体设计师简安·特科尔德（Jan Tschichdd，1902—1974)设计了一款经典网格版式，如图 3-31 所示，整张纸的长宽比为 2：3。深灰色高度 a 与页面宽度 b 是相同的，顶部和装订线周围的留白为版面的 1/9，整页的两条对角线与单页对角线相交形成 c 和 d 两点，过 d 向顶部页边做垂线形成交点 e，连接 c、e 两点，与单页对角线相交形成的点 f 是整个正文版面的一个定位点。

（2）利用单元格创建网格

利用单元格创建网格是另一种建立网格的方式。单元格创建网格法是指在分割页面时采用 8:13 的黄金比例进行分割。如图 3-32 所示，版面由 30×45 的单元格构成，外边缘有 8 个单元格的留白，内边缘处有 5 个单元格的留白，而底有 13 个单元格的留白。以这种方式决定正文区域的大小，可以使版面在宽度与高度比上获得和谐舒适的视觉效果。

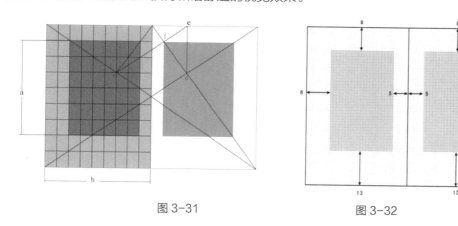

图 3-31　　　　　　　　　　　　　　　图 3-32

二、网格的编排

在版式设计中，文字和图片所占的比例以及相对位置（即编排），是非常重要的。而网格是文字和图片编排最常用的方式。运用不同的网格形式，会构成不同表现形式的页面，给人带来不同的视觉感受。网格的编排主要依据版面主题而决定，如图 3-33 所示，版面分为两栏的网格结构，将文字与图片编排在版面中，使文字信息传达具有版面空间感，打破一栏的疲劳感与呆板。另外，如图 3-34 所示，运用图片与文字的对比关系，网格版面具有活跃的版面气氛，打破网格过于规整的视觉效果。

在版式设计中，网格的编排形式主要分为以下几种。

（1）多语言网格编排

多语言网格编排是以文字为主的网格编排。在版面中出现了多种文字的情况下，通常内容驱动设计的发展与完善，而不是仅凭创造性来编排版面。图 3-35 所示的是一张翻译的版面，灰色模块代表可以容纳各种语种翻译的空间。

（2）说明式网格编排

说明式网格编排是指版面呈现图文并茂的说明性版式，具有生动版面、明确内容的作用，如图 3-36 所示。说明式网格编排使整个版面显得稳定、层次清晰。

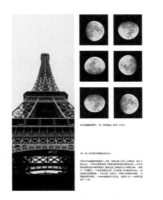

图 3-33　　　　　　　　　　　图 3-34

图 3-35　　　　　　　　　　　图 3-36

（3）数量信息网格编排

　　数量信息网格编排将散乱的文字与数据进行规范，表现出整齐简洁的版面效果。数量信息网格编排一般采用两栏的网格形式，将文字信息与数字清晰地编排在版面上，比较适合记账，让人一目了然。

第四节　打破网格的设计

　　网格的运用让设计者从烦琐的版面结构调试中解放出来，使版面能够保持整体一致的感觉，但是这种规律性强且容易掌握及运用的方法常被机械地使用，其结果是版面呆板，缺乏变化与生气。因此打破网格是一种必然的选择，以此来提升版面品质。

　　打破网格并不是完全摒弃网格，而是对网格进行一些有序的调整，这样一来，在打破版面呆板的同时也能保证版面的整体性与平稳性，如图 3-37 和图 3-38 所示。

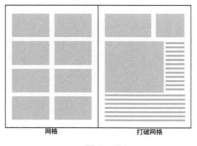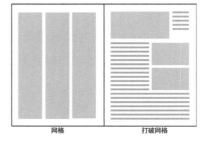

图 3-37　　　　　　　　　　　图 3-38

一、满版式设计

满版式设计主要以图片传达信息，使图片充满整个版面，是单栏型网格的变形。用图在视觉上直观表达，打破了文字编排的单调，表现力强。可以根据版面的需要，将文字的位置编排在版面的上下、左右、中心点上，层次清晰，传达信息准确明了。满版式设计给人大方、直白的感觉，常用于平面广告中。如图 3-39 所示，整个画面采用了满版编排照片的版式，照片放大到一定的比例，在视觉表现上具有较强的视觉冲击力。

图 3-39

二、轴线式设计

轴线式设计将图片和文字根据版面轴线的方向进行排列，随着轴线位置变化，版式中空间大小的比例会随之变化，从而形成不同的视觉效果。根据轴线的不同，轴线式设计可以分为三种形式。

（1）垂直轴线式设计

轴线与版面的基线垂直相交，这是轴线式设计中最常见的手法，如图 3-40 和图 3-41 所示。当垂直轴线穿过画面的中心时版面形成了绝对的对称，版面显得平稳呆板；当轴线被移到左边或右边时，空白空间的大小比例发生了变化，增强了画面的节奏。

图 3-40   图 3-41

（2）斜轴线式设计

由于倾斜的轴线具有方向性和流动性，所以以斜轴线为基础的构图也显得相对活泼。这样的构图将版面分割为非几何形态，具有动感和趣味性，如图 3-42 和图 3-43 所示。

（3）无规则轴线式设计

无规则形状的轴线是依据字形的边缘来显示形状特征，变化非常微妙，使版面更加充满活力，给人留下更多的想象空间，如图 3-44 所示。

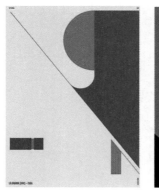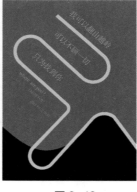

图 3-42   图 3-43   图 3-44

三、发散式设计

发散式设计就是将一个焦点作为中心，将所有元素都组织起来由这个焦点延伸出去的设计。由于发散式设计没有传统的水平基线，因此随着各个字行延伸角度的不同，信息的易读性会相对减弱，如图 3-45 所示。

图 3-45

四、自由式设计

自由式设计从字面上理解就是不受任何限制的设计，它是通过各种元素自由组合排列而形成的。它打破了原有版式设计思想所提倡的规整理念，超越了传统版式设计整齐、清晰的标准，充分运用了计算机技术，开创了版式设计发展的新观念，如图 3-46 和图 3-47 所示。

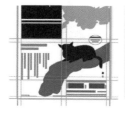

图 3-46

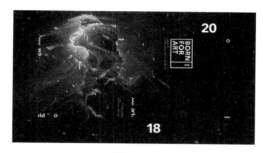

图 3-47

具体来讲，自由式设计有以下几个特点。

（1）版心无边界

版心无边界打破了传统页面必须具备天头、地脚、内外白边的概念，在排版过程中文字可以冲出页面，不受页面边界的束缚，运用无边界性理念设计出的作品往往具有强烈的视觉冲击力，如图3-48 所示。

图 3-48

（2）字图一体

字图一体是指在编排过程中文字叠印在图片上，不在乎易读性，而是追求层次丰富的视觉效果。字图一体已成为自由式设计中的一大特征，如图 3-49 ～图 3-51 所示。

图 3-49

图 3-50　　　　　　　　图 3-51

（3）解构性

解构性是自由式设计最主要的特征之一，它运用了点、线、面等抽象元素重组出新的版式结构，如图 3-52 和图 3-53 所示。

图 3-52　　　　　　　　图 3-53

（4）局部的不可读性

在自由式设计中，信息的易读性常被大大削弱，部分元素成了装饰图形，不具备传达信息的功能，如图 3-54 和图 3-55 所示。

图 3-54　　　　　　　　图 3-55

（5）字体的多样性

　　自由式设计中字体的多样性不仅能带来视觉上的新鲜感，而且可以增强版面的表现力。将文字进行图片化处理，从表面上看，这些文字似乎毫无章法，增加了阅读的难度，实质上它们隐含着巧妙的阅读导向线索，令阅读更添趣味，衍生出一种全新魅力，开创了自由式设计的新概念，如图3-56～图3-59所示。

图 3-56　　　　　　　　　　　　图 3-57

图 3-58 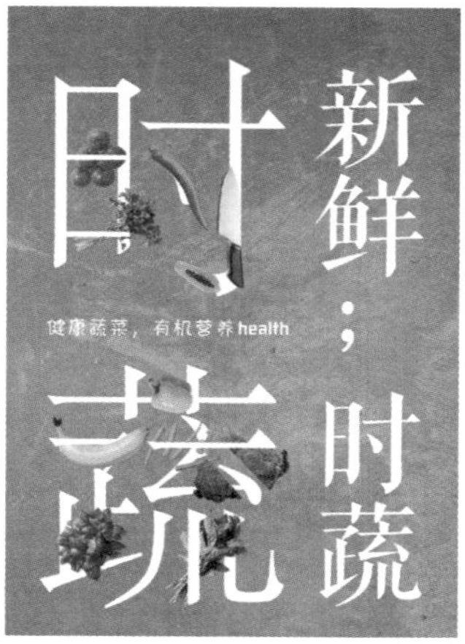　　　　　　　　　　　　图 3-59

第 4 章
版式设计中的视觉流程

学习要点及目标：

1. 了解版式设计中的点、线、面
2. 学习版式设计中的空间运用

核心概念：

点、线、面　空间

版式设计中的视觉流程应符合观者的认知过程和思维逻辑。它是在合理安排版面整体结构时点、线、面等视觉元素在画面中形成的一种逻辑关系，使画面的表现语言被合理地安置在空白的平面空间中。

第一节　版式设计中的点、线、面

点、线、面是平面设计的基础，也是版式设计最基本的表现语言。无论画面的内容与形式多么复杂，它们最终都可以简化为点、线、面。在版式中，这些基本元素相互转化、相互依存，形成各种形态，构建全新的画面效果。"点"不是指简单狭义的点，而是在版面中比面和线更小的元素。"线"具有位置、长度、方向的属性，它是"点"移动的轨迹。"点"和"线"都是辅助元素，它们既有功能性又有装饰性。"面"是整个版面中要重点突出表现的内容，它决定了设计的风格和气质。在版式设计中可以通过以下几个方面来运用点、线、面。

一、线性方向

"线"是由无数个"点"构成的，是"点"的发展和延伸，同作为版面空间的视觉构成元素，"点"是一个独立体，而"线"则能将这些独立体统一起来，形成延伸的效果，如图 4-1 所示。

"线"的表现形式主要有水平线、垂直线、斜线、曲线几种形式，如图 4-2 所示，水平线表现平静、稳定；垂直线表现力度、张力；斜线表现激动、指向；曲线表现活泼、自由。

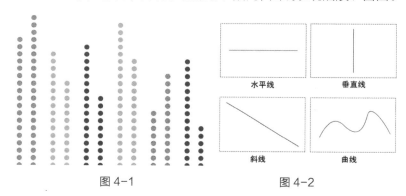

图 4-1　　　　　　　图 4-2

1. 水平线

水平线指直线沿着水平方向延伸，给人以无限、辽阔的视觉感受，并以此联想到地平线、海平面等事物。图 4-3 中水平线空间结构上的高稳定性营造出安宁、平静、稳重的视觉氛围，给观者带来强烈的安全感。

2. 垂直线

垂直线指在垂直方向上延伸的直线。垂直的线性化排列和笔直而坚挺的线形结构容易给人一种崇高、权威、纪念、庄重的意味。图 4-4 所示的是马坡基金会 10 周年纪念演唱会的海报设计，运用了垂直线的空间架构，不仅增强了版面在视觉表达上的肯定感，还营造了画面的庄重感，充分表现海报的主题"致敬"。

图 4-3 图 4-4

3. 斜线

版式设计中文字、图形斜线排列，是介于垂直线与水平线之间的特殊形态，具有不安定感、动感和活泼感，且表现出极强的方向感。图 4-5 中的斜线给画面带来了运动感。

4. 曲线

曲线是直线受到外界压力而发生改变的形态，具有较强情感知觉中的特定属性，看起来丰满、柔软、轻盈，形态变化多端，追求与自然的融合。曲线也富有节奏性、比例性、精确性、特殊性等特点，并富有现代感的审美意味，如图 4-6 谷歌交流的宣传页面所示。

图 4-5 图 4-6

二、形状方向

"面"是点的密集或是线的移动轨迹。形状即"面"，方向指的是视觉感受，即不同的"面"会给人带来不同的感受。在版式设计时，应注意"面"的类型对人的心理和版式设计整体风格所起的主导作用。面可以划分为以下几种类型。

1. 直线型面

从结构特征上来讲，直线型面具有规整的外部轮廓和严谨的内部结构。在版式设计中，直线型面可以提升版面的专业感和务实感。以直线方形排列为例，其整体呈现出安定的秩序感和简洁硬朗的风格，如图 4-7 所示。

2. 曲线型面

曲线型面能够提高版面的亲和力，呈现出柔软、女性的特质，如图 4-8 所示。几何曲线型较为规整、严谨，自由曲线型不具有几何的秩序性，因此容易体现魅力和人情味。

图 4-7　　　　　　　　　　　　　　图 4-8

3．不规则型面

不规则型面是指在版面中对图片素材进行去底处理，即"抠图"。把图片中的重点元素抠出来放置在版面中，展示元素的造型与个性化色彩，同时也显得灵活生动，如图 4-9 安德玛体育运动品牌平面广告设计所示。

图 4-9

三、组合编排

点、线、面都属于形状，具有无穷的变化，不同类型的组合对版式风格具有决定性的作用。在版式设计中，视觉元素的呈现都是以组合的形式出现的，即点、线、面三者的组合。在设计中，点可以是画龙点睛之"点"，平衡画面轻重，构成肌理，填补版面空间，点缀画面，活跃气氛；线可以丰富画面的空间层次，正确引导视觉，影响画面风格倾向，稳定画面；面可以决定画面的风格属性。图 4-10 ～图 4-13 是一组获得红点大奖的优秀海报设计，它们都包含着点、线、面的组合搭配，点、线、面之间相互依存，相互转化。

图 4-10　　　　　　图 4-11　　　　　　图 4-12　　　　　　图 4-13

四、运动趋势

运动趋势是指版式中的点、线元素对视觉的引导。在设计中，点、线的形式、方向、位置等都会影响视觉的运动走势与观者的视觉感受。"点"的位置可以形成视觉中心点，而线的方向则决定了视觉流动的连续性。如图 4-14 葡萄牙 LISB-ON 音乐节创意海报版式所示，当"点"位于版面中心时，给人以稳定感，且引人注目。如图 4-15 最佳波兰短片电影节视觉海报的版式所示，两个"点"甚至多个"点"出现时，就会产生一种张力，视线往往由其中一个点移向另一个点，形成一种视觉的流动，其中点的大小、色彩、肌理等因素都会影响视线的移动方向。

图 4-14　　　　　　　　　　　图 4-15

线本身具有方向性，种类繁多，不同的线对人们视觉的引导性也大不相同。水平线给人平静和安定感，会引导人们的视线依照视觉习惯从左到右进行移动；垂直线给人一种或向上延伸或向下落的感觉，所以人们的视线也会在画面中随之自下而上或自上而下；而斜线打破了画面原本的平静，给人不稳定和运动的感觉，因此视线会跟随斜线的倾斜方向移动；曲线给人灵动随意之感，视线会跟随线的任意一个点开始沿曲线随意移动。

第二节　版式设计中的空间运用

版式设计是指在一定范围空间内尽可能地将作者所要表达的视觉信息合理美观地表达出来。在设计之初，作者首先面对的是一个空白的平面空间，然后才对这个空间进行规划和布局，将图文信息合理安排，给观者以舒适悦目的视觉体验，因此对这个空白的平面空间的认识理解是进行版式设计的第一步。

一、空间比例

空间一般指三维的立体环境，版面中存在着空间的概念。版面中的空间是指在平面中通过面的面积大小、图文比例所营造出的层次，是版面元素组成的一种类似"近""中""远"的立体空间印象。

面积大小的对比，是版式设计常用的划分版面、区分画面主次的方式。在常规版式中，主题形象或标题文字放大，次要形象缩小，以此来建立良好的主次关系，强调前后的空间关系，以增强版面的节奏，如图 4-16 字体类书籍封面版式设计所示。

图文比例大多指版面的图版率，即视觉图形要素所占面积与整体页面之间的比例。利用图版率考量并调节版面中文字与图片的空间关系是非常常见的。随着生活节奏的加快，人们的阅读时间变得越来越少，因此在众多的版式作品中，那些文字少、图版率高的作品往往能先引起读者的阅读兴趣。然而，并不是所有的作品版式都以高图版率为设计目标，如那些以文字为主要表达对象的版面，其图版率就显得相对较低。图版率低的版式多为报纸、书籍等说明叙事类的页面版式，如图 4-17 所示；图版率高的版式多为画册、宣传单等宣传销售类的页面版式，如图 4-18 所示。

图 4-16

图 4-17

图 4-18

二、空间方向

空间的合理安排可使画面产生秩序感、节奏感和舒适感。不同的空间有着不同的视觉吸引力。可以通过以下几个方面来变换空间方向，形成不同的空间效果。

1. 位置的变化

单个视觉元素的画面处理中，视觉元素为主要视觉中心点，因此视觉元素的不同位置会给观者带来不同的视觉感受。如果视觉元素的呈现集中在版面的底部，会给人一种安定、压抑之感；与此相反，将视觉元素集中上移到版面的顶部，会营造一种轻松、轻盈之感；此外，如果视觉元素在画面中央，则会体现空间的庄重、稳重之感。图 4-19 和图 4-20 是 Espace GO 女性剧场品牌创意海报的版式设计，同一个视觉元素由于位置的变化，于是呈现出的画面空间不同，给人的感受也不同。

2. 集中与聚集

集中形式是将版面中的视觉元素以概括性的手法进行视觉感受的集中统一。集中形式通过聚集的方式，使版面形成固定的视觉中心，并通过视觉中心引起观者的注意。由于集中与聚集，画面形成单向的视觉流程，重要的信息一目了然，具有强烈的视觉凝聚力，这赋予了画面肯定的视觉效果，如图 4-21 科幻电影《星际特工：千星之城》宣传海报版式所示。

图 4-19

图 4-20

图 4-21

3. 饱满的效果

为使版面呈现饱满的布局效果，我们可以通过调整图片和文字在版面中的大小尺寸来达到。较为常用的版式布局和结构为满版型构图。满版型构图会给人图形元素塞满整个版面的感觉，其以图像为诉求，文字压置在上下、左右或中部的图像上，大方、直白，视觉传达直观而强烈。但饱满的版面效果，如果处理不当则容易显得"嘈杂"。因此为了避免因饱满而拥挤，可以适当地根据画面的整体进行版面主次的分析，简化部分次要元素，如图 4-22 所示。

图 4-23 所示的整个版面采用一整张照片的形式进行信息的传达，配以简单的文字辅助，当照片放大到一定比例时，其视觉表现就具有了强烈的冲击力，整个版面也充满了张力，饱满丰富。

图 4-22　　　　　　　　　　　　图 4-23

4．余白的力量

余白有虚实空间对比的作用，适当的余白能让版式画面透气。大量视觉信息堆砌时，不容易找到画面的重点。当找不到重点时，用户的眼睛和大脑就容易疲惫。所以在内容比较多的情况下，尽量在视觉上减少视觉分组。如图 4-24 所示，刺身海报是日本大师原研哉的设计作品，大量的余白空间显示出中间寿司的精致，少而静的视觉元素提升了作品的品质感。另外，余白可以让主体之外的空间也形成一种形状来表达内容，如图 4-25 所示，画面中的余白巧妙地将海报的主题"美食"和"美酒"结合起来。

图 4-24　　　　　　　　　　　　图 4-25

5．秩序的编排

在版式设计中，将画面中的视觉元素按照规定的方式进行排列，可以打造出具有完整性与秩序性的版式效果。编排越单纯，版面整体性就越强，视觉冲击力就越大，如图 4-26 某女性杂志的版式设计所示。

图 4-26

6．层次的细化

版式的层次感是画面中视觉元素的细节处理，也是元素之间各种关系的变化处理。在设计之初需考虑好各元素的优先级，再根据优先级对视觉元素大小、位置、色彩、形状、聚散、肌理的表现进行编排。层级越多，画面就越丰富，空间层次感越好。

（1）位置关系的空间层次可以通过前后叠压、元素的疏密构成，产生富有弹性的空间层次，给人不同的心理情绪。

（2）"黑""白""灰"色的运用使版式形成三色空间层次。"黑""白"为对比色，强烈，醒目，能保持远距离视觉传达效果；灰色能概括一切中间色，柔和且协调。三色空间形成了近、中、远三层空间层次关系。在变化的层次中，版式设计强调色彩的统一性。图 4-27 和图 4-28 是雀巢 Artisan 咖啡平面广告的版式，画面中产品与其他视觉图形层层叠压，文字在图形中穿插，通过各个元素的位置变化和色彩差别，形成空间层次感，从而突出产品，提升画面的纵深感。

图 4-27　　　　　　　　　　图 4-28

（3）动静关系、图像肌理关系产生空间层次。动使画面热情，充满活力；静使画面稳定、安静。肌理感的画面与简洁单纯的画面形成对比，凹凸有致，疏密有序。相比单纯的画面，肌理画面更加夺目，两者结合使画面丰富饱满。图 4-29 所示的是印尼 Apix10 Studio 工作室三星手机的平面广告，其版式特点是通过动静对比产生空间画面。图 4-30 ～图 4-32 所示的是雪铁龙 C4 Cactus 系列平面广告版式，是通过图像肌理产生的画面空间。

图 4-29

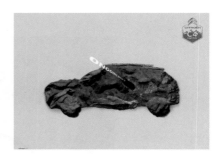

图 4-30

图 4-31

图 4-32

第 5 章

版式设计中文字的运用

学习要点及目标：

1. 学习选择合适的字体
2. 了解文字编排的基本形式
3. 了解文本的字号和间距
4. 了解文字排版的规则
5. 感受文字造型的魅力
6. 了解广告中的文字编排

核心概念：

字体　文字编排　文字造型　广告文字

文字是视觉形式中重要的视觉元素，它突破时空局限，成为人类传递信息最有力的工具。在版式设计过程中，不同的字体、字号、样式、排列方式等都影响着版面样式的风格效果。

第一节　字体选择

不同字体的笔画粗细、大小、风格各异，给人的情感感受也各不相同。字体的多变给版式丰富的情感表达与风格的呈现创造了极大的可能性，合适的字体成为传递信息的最佳代言人，是具有审美、个性的艺术因素。

一、字体的风格

字体是文字风格样式的体现，不同的字体能够表达不同的视觉风格。字体形式很多，概括起来说字体分为两大类，一类是印刷字体，另一类是设计字体。不同的版式需要配备不同的字体样式。在版式设计过程中，宋体、黑体是最为常用且基本的字体，它们清晰易读，美观大方，如图5-1所示。

版式设计　黑体

版式设计　宋体

图5-1

在版式设计过程中，标题或一些特定位置需要符合画面整体风格的字体，欲求效果醒目。在字体选择时，需考虑字体风格、版式风格与主题内容的统一。不同的字体会有不同的性格，如宋体端正、庄重、女性化；黑体粗犷、厚实、男性化；楷体自然、流动、活泼；隶书古典、优雅；幼圆圆润、可爱。针对不同的版面要选择合适的字体，如图5-2～图5-5所示。

图5-2　　　　　图5-3　　　　　图5-4　　　　　图5-5

二、应用字体样式

在版式设计过程中，应用字体样式应把握好以下几个原则。

1. 匹配

版面中的文字是重要的视觉元素，不仅传达作品的主题，更传达作品的情感。一般来说，端庄秀丽的字体显得优美清新，格调高雅；坚固挺拔的字体显得简洁爽朗，有很强的视觉冲击力；深沉厚重的字体显得庄严雄伟，具有重量感；欢快轻盈的字体显得生动活泼。文字不仅传递画面内容，字体本身也匹配版式画面的主题和情感，使主题和情感的表达更加强烈，如图5-6和图5-7所示。

所以，设计良好的字体、组合巧妙的文字能给人留下美好的印象，呆板、生硬的文字组合则会使人不舒服，甚至会让观者拒而不看，设计的意图和构想就难以表现和传达。

图 5-6 　　　　　　　　　　　　　图 5-7

2．个性

在版式设计中，文字的设计要服从于作品整体的风格，设计者应根据作品主题，突出文字的个性色彩，传达与众不同的视觉感受。没有创意的设计是苍白的，随心所欲的设计是无序的，只有有激情有技艺的设计才能达到震撼的效果。这就要求设计者不拘一格、大胆创新，使作品的外部形态和设计格调都能唤起人们愉悦的审美感受。根据画面的要求，将文字笔画、文字内部结构进行简化，并进行图形化的合理变形，也可将手写体与印刷体有机结合，突出字体本身的结构美和笔画美，还可使文字与图形结合，形成个性文字，文字的魅力就会更加凸显，使观者的感受更加强烈，如图 5-8 和图 5-9 所示。

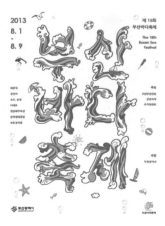 

图 5-8 　　　　　　　　　　　　　图 5-9

3．整体

字体在画面中的安排要从整体上考虑，不能与其他视觉元素起冲突。字体样式运用较多，会使画面主次不分，容易引起观者视觉的混乱。在版式设计中字体应用需要把握整体基调。在这个前提下，版式画面上不同字体的组合，一定要具有符合总体风格的基调和情感倾向，不能是各种字体各行其是。在一个版面中，字体种类不宜过多，4 种以内最为合适，要想版式画面视觉上丰富变化，可以将字体变粗、变细、拉长、压扁或调整行距，如图 5-10 和图 5-11 的文字海报设计所示。

图 5-10 图 5-11

第二节 文字编排的基本形式

字体之间的搭配是有规律的，编排字体的主要目的在于传递信息的同时使画面保持统一。对版式画面中的文字内容进行编排，可以采用不同的编排方式，以达到不同的视觉表现效果。

一、不同字体的编排方式

1. 粗体

粗体指将文字的笔画进行加粗的样式处理，文字轮廓变大变宽，给文字视觉上形成了厚重感。粗体常常被运用到标题和海报的大标题中，文字内容多为概括性的，具有归纳和总结作用。运用粗体表现，可增强文字在版面中的注目度，如图 5-12 和图 5-13 Plastique 杂志版面设计所示。

图 5-12 图 5-13

2. 传统字体

传统字体是指具有传统性的文字样式，如毛笔字体、玛雅字体等。在版式设计中，传统的字体样式会使画面呈现出一种包含了风俗文化的艺术气息，从而使观者产生共鸣。这些文字字体在历史是一种记录的工具，如今成为时代的象征，如图 5-14 和图 5-15 的一组国风海报所示。

3. 描边字体

描边字体是指对文字的轮廓进行勾边，以增强字体在视觉上的表现力。一般情况下，勾边色彩与字体本身的色彩有明显差异，才能达到描边字体的最佳效果。描边处理可以将字体从背景中抽离，还可以赋予字体特殊的视觉效果，如立体、腐蚀、浮雕等效果。图 5-16 中将手写字体进行描边，达到浮雕的效果，不仅丰富了整个文字的结构，也使文字在整个画面中成为主要视觉元素。

图 5-14

图 5-15

图 5-16

4. 装饰性字体

装饰性字体是一种常见的艺术字体，它的表现形式主要有两种，一种是计算机绘制，另一种是手工绘制。装饰性字体没有明确的设计规则与要求。装饰性字体的设计应结合作品的主题及文字的内涵，使字体能够符合版式的整体风格，可以通过对文字结构的拉伸与扭曲、文字角饰的艺术化处理、文字的图形化等做装饰性设计。图 5-17 所示的为食品类包装，字体偏圆，图形与字体结合，整体风格活泼可爱，主要面向女性消费群体。图 5-18 和图 5-19 所示的两张海报设计中进行了字体的内部装饰和文字的角饰，符合海报主题。

图 5-17

图 5-18

图 5-19

二、常见的文字编排形式

1. 左右对齐式

左右对齐式是指文字从左端到右端的长度均齐。此排列方式是目前书籍、报刊常用的，版式画面显得端正严谨、有序清晰、美观大方，如图 5-20 某杂志文字版式设计所示。

2. 中心对齐式

中心对齐式是指文字沿水平方向向中间集中对齐的一种对齐方式，每行的左右两端分别与该行中心的距离相等。其特点是视线集中，中心突出，整体性强。中心对齐式文字搭配图片时，文字的中轴线可与图片中轴线对齐，以取得版式画面视线的统一。此种排列文字方式，可以使画面紧凑、肃穆稳定、传统典雅。如图 5-21 电影《奇迹 wonder》概念海报所示，是很典型的运用文字中心对齐式的排版。

图 5-20   图 5-21

3．齐左或齐右式

    齐左或齐右式是指文字行首或行尾自然产生出一条清晰的垂直线，文字以此对齐。齐左或齐右的排列方式有松有紧，有虚有实，在与图形的配合上易协调和取得同一视觉焦点。齐左显得自然，符合人们阅读时视线移动的习惯；相反，齐右就不太符合人们阅读的习惯及心理，因而少用，但以齐右的方式编排文字显得新颖，在一些特定的画面中可以适当使用。图 5-22 所示的是文字齐左式的排版，图 5-23 所示的是文字齐右式的排版。

4．文字绕图排列

    文字绕图排列是指将去底图片插入文字中，文字直接环绕图形边缘排列。这种手法给人以亲切自然、生动活泼之感，也是文学作品中常用的插图形式。图 5-24 所示的儿童画册设计，就是典型的文字绕图排列的设计。

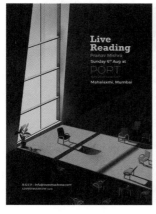
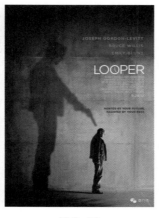

图 5-22   图 5-23   图 5-24

三、段落文字的编排

在文字较多的版式中，对于段落文字的排列就显得尤为重要，在常规的段落文字编排中有以下几种排列方式。

1. 左右对齐

段落文字左右对齐的排列方式是指段落文字的每一行从左到右的长度是完全相等的。此排列方式所形成的段落外轮廓整齐有序，画面表现出规范有度、平静舒缓的效果。段落文字较多时，可通过左右对齐的排列方式来减轻大篇幅文字带来的心理压力，从而吸引观者的注意。段落文字较少时，左右对齐的排列方式可以使文字段落呈现端正的编排结构，增强画面的严谨性，如图 5-25 和图 5-26 某杂志的文字版式设计所示。

图 5-25

图 5-26

2. 齐左或齐右

段落文字齐左或齐右的排列是指段落文字整体靠左或靠右。对于不同的设计题材、不同的图形要素可以进行齐左或者齐右的编排，如图 5-27 和图 5-28 所示。齐左符合人的阅读习惯，并且左边对齐而右边参差不齐，给画面带来了灵动轻松之感。齐右虽不符合人的阅读习惯，但可匹配相应的不规则图形，更加新颖独特，如图 5-29 和图 5-30 所示。

图 5-27

图 5-28

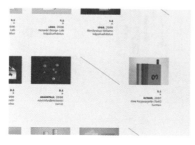

图 5-29

图 5-30

3. 居中对齐

在进行文字的居中排列时，可以将版式画面中的其他视觉元素纳入文字段落的阵列中，比如将版式画面中的图形与文字均以居中的方式进行排列，通过这种方式统一画面的版式结构，可使版式表现出强烈的和谐感，如图 5-31 所示。

4. 首字突出

在版式设计中，可以通过突出段落首字来强调该段文字在版式画面中的重要地位，吸引观者的视线。图 5-32 中的首字突出，从视觉意义上讲它加强了文字段落的视觉凝聚力。在信息较多的版式画面中，为了避免文字数量过多而降低版式结构的整体性，通常会运用较小的字号，由于小字号显得密密麻麻，此时可以采用段落首字突出的方式来点亮活跃画面，并起到吸引观者视线的作用。

5. 文字绕图

报刊、杂志和网页等版式都有一个共同特点，就是画面由大量的文字信息组成，这类版式大多会采取文字绕图的排列方式。这可以提升版面整体的趣味性，不仅有效减轻文字带来的枯燥感，而且加强版面的视觉表现力，如图 5-33 所示。

图 5-31

图 5-32

图 5-33

6. 上对齐

段落文字上对齐是指将文字以竖直的走向进行排列，每列首字对齐。这种方式多在我国古代文献中出现，现今较少运用在大段文字的排列中，除非是版式设计的特殊意图设定。图 5-34 ~ 图 5-37 所示的是国际某组织的活动海报，如此排列使版式画面呈现出独特的视觉氛围，其重点并不是为了呈现段落文字内容，而是将文字段落作为图形元素起到装饰作用。

图 5-34

图 5-35

图 5-36

图 5-37

四、标题、正文与注释的编排组合

标题在版式画面中起画龙点睛的作用，标题的位置、字体、大小、形状、方向的处理，直接影响版式画面的风格；正文文字内容较多，字体大小都比标题要小，编排上要根据画面采取不同的对齐方式；注释属于画面版式中的次要元素，起到补充解释说明的作用，不需要着重突出，可识别即可，不要抢了标题和正文的风头，如图 5-38 ~ 图 5-40 所示。

图 5-38　　　　　　　　　　图 5-39　　　　　　　　　　图 5-40

第三节　文本的字号和间距

文本的字号就是指字体的大小，间距是指两个字符之间的距离。文本的字号和间距都是版式文字编排时需要慎重考虑和仔细推敲的细节，这些会影响版面信息的易读性和人们阅读的舒适性。

一、排版中字号的设定

了解字体的字号可以在设计时提高排版的效率，使版面更加舒适美观。文字分为西文和中文两种，两者的字号设定标准是不同的。西文字体字号是指从上缘线到下缘线的高度，中文字体字号是指全角字框的大小。国际上字号通用的单位是号数制或点数制。

号数制将中文字体大小定为七个号数等级，按 1 号、2 号、3 号、4 号、5 号、6 号、7 号由大至小排列，字号数越小，文字越大。在字号等级之间增加了一些字号，并取名为"小几号字"，如"小 4 号""小 5 号"等。号数制的特点是用起来简单、方便，使用时指定字号即可，无须关心字体的实际尺寸；缺点是字体的大小受号数的限制，太大的字无法用号数表达，号数不能直接表达字体的实际尺寸，字号之间没有统一的倍数关系。

点数制是最为通用的字体大小的计算方式。计算机中的文字通常就是用点数制设置的，每一个点的单位为 0.35mm，误差不会超过 0.005mm。版式设计中标题的文字大小一般大于 14 点（pt），正文字体的大小需根据文字的多少进行调整，一般在 7 ~ 12 点（pt）。字体大小式样如图 5-41 所示。

在计算机中设定文字的大小时点数制与号数制都存在，而在印刷排版中设定文字的大小时没有号数制，因此需将号数换算点数。常用号数制字与点数制字的对照表如图 5-42 所示。

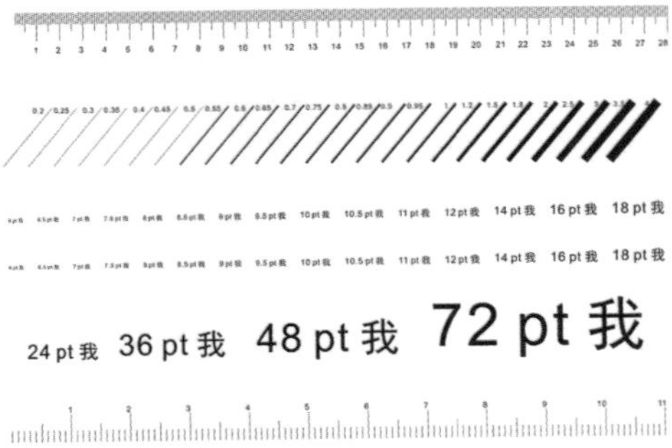

图 5-41

中文字号	初号	小初	一号	小一	二号	小二	三号	小三
点数	42	36	26	24	22	18	16	15
字样	永	永	永	永	永	永	永	永
中文字号	四号	小四	五号	小五	六号	小六	七号	八号
点数	14	12	10.5	9	7.5	6.5	5.5	5
字样	永	永	永	永	永	永	永	永

图 5-42

除了常用的点数制和号数制，还有以 mm 为计算单位的字号设定标准，称为"级"（J 或 K），每一级为 0.25mm，1mm 等于 4 级。排版中文字的大小一般为 7 级到 100 级。

二、信息量决定行间距

行间距是指行与行之间的距离，是影响文字排版、版面阅读难易的重要因素之一。版式设计时要仔细考量行间距。

文字编排时，标题的文字如图 5-43 所示，通常需加大加宽行距。标题字号变大，行距也会跟着字号相应增大，不仅不会使文字拥挤，还会适当引导观者的目光，使目光随文字移动。正文文字相对标题文字字数更多，内容联系更紧密，一般不会采取大行距，如图 5-44 和图 5-45 所示。如果加大行距，文字会像由散开的点连起来的虚线，给人较大的跳跃感，会形成视觉疲劳。只有运用适合的行距才会使版面看起来精致美观。

从形式上来说，行距小会使单独文字的"点"形成版面中一个突出的"面"；相反，行距大的文字的整体感会减弱。行距过小，上下文字相互打扰，影响阅读；行距过大，文字的连贯性较弱，空白空洞。通常情况下，行距比字间距大，比字高小，是字高的 1/2 或 3/4。

图 5-43

图 5-44

图 5-45

另外，无衬线的字体要比衬线字体需要更大的行距空间，如图 5-46 所示；排列文字时，字号相同的情况下，中文字体比西文字体所需的行间距大，使用相同行间距，中文段落会显得较为拥挤，如图 5-47 所示。

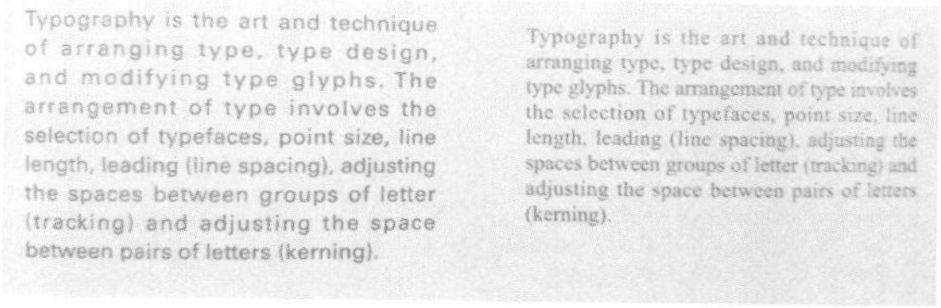

图 5-46

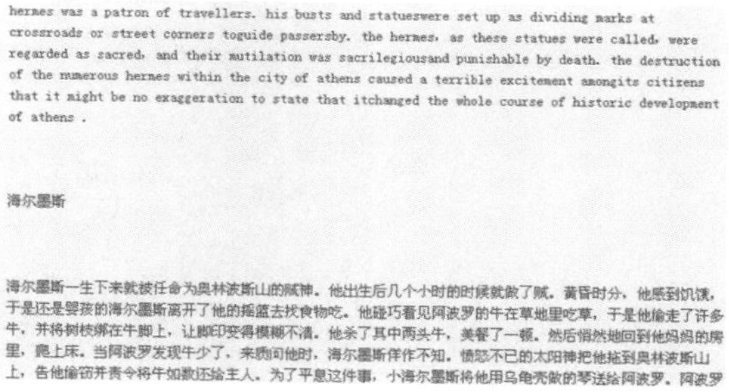

图 5-47

三、调整段落间距

段落间距是指中心段落与其上下段落之间的距离。段落与段落间的间距不宜过小，文字内容较多聚集会给观者带来心理上的压力，从而造成阅读障碍。

书籍中的文字段落间距通常是文字字号的 1 ～ 2 倍，比行间距大，但不会太大（见图 5-48 和图 5-49 ），除非有其特殊用意。

图 5-48

图 5-49

其他媒介中的段落间距是经常变化的，没有特定的编排模式，但为了段落间可以区分，两段文字间的距离不宜过小，要使观者能够容易地区分两段文字，并符合排版的形式美法则。

第四节　文字排版的规则

在版式设计的过程中，不仅需要注重画面的设计，还要注意文字的排版，需要考虑并运用设计规范进行设计。

一、中文的传统排版规则

1. 文字可读性

文字的可读性体现在两个方面：一是字号的选择，二是字体的选择。字号越大，文字就越显眼，文字的清晰度就越高，也就越易读，反之则相反，但字号还是要根据版面的主题和整体的需要来确定。字体的选择上，为了观者的阅读方便，我们应该尽量避免使用过于新颖、变形过度的字体，如果是画面的特殊需要则另当别论。但前提都是保留文字的可识别性，如图 5-50 叶天然在她的毕设作品《好孕》、图 5-51 电影《白蛇》海报以及图 5-52 和图 5-53 移动端页面文字排版所示。

图 5-50 图 5-51

图 5-52 图 5-53

2. 间距的合理性

在文字编排时，无论是字间距、行间距还是段落间距都需要经过思考、检验，然后确定最合适的间距。控制字间距可以使画面表现出舒缓或紧张的视觉格调，一般较多采用大比例字间距，较少采用小比例字间距。行间距和段落间距的确定相对字间距来说较难操控，过小会干扰阅读，过大会使版面失去整体性。需要根据画面逐个检验，以寻找合适的间距，达到整个版式画面的整体统一。

3. 文字编排的艺术性

文字编排的艺术性是指在进行文字编排时，应以美化目标对象的样式为设计的原则，可以通过夸张、比喻等表现手法展现单个字体或整段文字的艺术化效果。图 5-54 所示的封面设计中，文字就打破了呆板的画面，吸引观者注意。图 5-55 所示的书籍封面版式中就加入了一些具象化和抽象性的图形，通过视觉元素的内在意义，提升文字编排的视觉深度，使版面更加艺术化。

图 5-54 图 5-55

二、把握中文与英文的不同

在文字排版选择字体的时候，中英文一般不使用一种字体，中英文的字体有很大区别。先来看汉字与拉丁字母的区别，拉丁字母是纯粹的发音符号，每个字母本身并没有意义，单词的意义来自这些字母之间的横向串式组合；而汉字是以象形为基础，每个字都具有特定的意义。两者的阅读方式和解读方式都有本质上的不同。因此，汉字不能照搬英文的编排方式。

1. 同样字号的中英文实际大小不同

英文由字母组成，字母弧线多，结构简单，线条流畅，在印刷中一般 5pt 的英文就清晰可辨。而汉字方正，结构多较为复杂，在印刷中 5pt 的汉字小到接近辨认极限了。因而在设计时，英文的字号大小相比中文字号大小来说是灵活多变的。

2. 英文比中文容易拆分

英文每个单词都有一定的横向长度，有时一个单词就相当于中文一句话的长度。单词之间用空格区分，所以英文在排版时，即使是一句话也大多作为段来考虑编排，如图 5-56 所示。相反，中文的每个字占的字符空间一样，规整有序，句与句之间是有联系的，不能随意拆分处理，所以中文在排版的自由性和灵活性上不如英文。虽然现代设计中出现了大量对汉字进行解构的实验作品和商业作品，但仍旧是不能大量推广的，这种试验牺牲的是文字阅读的方便性，如图 5-57 所示。

图 5-56　　　　　　　　　　　　　　　图 5-57

3. 中英文成段效果不同

在设计时，英文本身更容易成为单个的设计主体。英文单词的字母数量不一样，在编排时，左对齐段落的右边都会产生自然的不规则的错落，这在汉字编排时是不太可能出现的，汉字每个字的长宽基本一致，每个段会形成一个规整的几何形，两者之间的差别很明显，如图 5-58 和图 5-59 所示。

图 5-58　　　　　　　　　　　　　　　图 5-59

4. 汉字的编排规则比英文严格

汉字编排时需要考虑段前空两字、标点不能落在行首、标点占用的空间大小，以及竖排从右向左，横排从左向右等规则。而英文段落编排时只需注意英文只能横排、断前不需空格、符号占半个字符空间这些规则即可。

三、注意文本中的语义断句

文本断句换行是文字排版的一种处理方式，如果忽略文字可读性并在不合理的位置上对文字进行换行，会造成读者阅读的不便，甚至产生歧义。

编排时正文一般是根据标点符号进行断句的，运用这一方法的关键在于对众多标点符号的功能和使用方法的掌握。运用该方法会形成段落不整齐的效果，适用于较为轻松活泼、灵活性强的版面。

标题中的文字一般运用文字色彩来断句，通过对部分文字色彩的改变，既达到强调内容的效果，也达到断句的效果，如图 5-60 和图 5-61 所示。对于改变文字色彩的方式，需要考虑其语义，避免将意义不大的文字凸显出来。

图 5-60

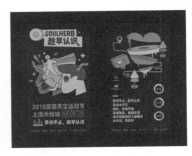

图 5-61

第五节　文字造型的魅力

文字不仅是一种传播记录信息的工具，在经过艺术加工后，还具有了视觉上的审美装饰性，提升了版面的注目度。

一、文字的变形

文字造型的处理与变形，是版式设计的重要设计内容之一。

1. 分解重构法

分解重构法是将文字结构打散后，通过替换共用等方法对文字进行重新组合处理，主要目的是破坏其基本规律并寻求新的设计生命，如图 5-62 和图 5-63 海报中的字体设计所示。

2. 俏皮设计法

俏皮设计法是把文字的某些笔画横拉成圆弧，文字的角也用圆处理，如图 5-64 所示。这个方法还要注意色彩处理。

3. 尖角法

尖角法指把字的角变成直尖、弯尖、斜卷尖；字的角可以是竖的角，也可以是横的角，这样文字看起来会比较硬朗，如图 5-65《变形金刚 5》海报字体设计所示。

图 5-62　　　　　　　　　　　　　　　　图 5-63

图 5-64　　　　　　　　　　　　　图 5-65

4．断肢法

断肢法如图 5-66 所示，画面中把一些封合包围的字适当地断开，或把左边断一截，或把右边去一截。要注意的是，要在能识别的情况下适当断肢。

5．粗细位置调整法

粗细位置调整法指将字体所有横或竖等笔画统一调粗或调细，把文字的组合方式左右上下错落排列，使文字灵活排列，如图 5-67 所示。

6．方方正正法

方方正正法如图 5-68 所示，把所有字的笔画全改成横平竖直、四四方方的。

图 5-66　　　　　　　　　　图 5-67　　　　　　　　　　图 5-68

7．卷叶法

卷叶法如图 5-69 和图 5-70 所示，把所有字最左或最右的横或竖或点全卷起来，像浪花一样，字体整体呈现曲线状，多适用于英文，而中文字体的结构大多较为复杂，不太适合。

图 5-59　　　　　　　　　　图 5-70

8. 上下拉长法

上下拉长法指把字变细，然后上下拉长，变成类似条形码的感觉，如图 5-71 和图 5-72 所示。

9. 照葫芦画瓢法

照葫芦画瓢法指先画一个几何图形，如方形或矩形或星形，然后把字放进去，按照几何图形制作字体，如图 5-73 所示。

图 5-71　　　　　　　　图 5-72　　　　　　　　图 5-73

二、图形图案与文字的结合

图形图案与文字的结合，主要是指文字设计的置换法。置换法是在统一形态的文字元素中加入另类不同的图形元素或文字元素，如图 5-74 和图 5-75 所示。其本质是根据文字的内容意思，用某一形象替代字体的某个部分或某一笔画，这些形象或写实或夸张。将文字的局部替换，可使文字的内涵外露，增加一定的艺术感染力。

图 5-74　　　　　　　　　　图 5-75

第六节　广告中的文字编排

一、易读性

广告属于"瞬间艺术"。好的版式设计既要做到让人一目了然，又要让人一见倾心，在有限的空间条件下，使观者过目难忘，回味无穷，就需要做到"以少胜多""以一当十"，如图 5-76 和图 5-77 滴滴四周年——车主篇的平面广告中的文字版式所示。

现代心理学研究表明，当人眼一次性瞬间定位时，仅能注意到 4 ~ 12 个文字。在设计中特别是广告版式设计中，文字不宜太多，以免造成纷乱的感觉，降低其应有的"易读性"。

图 5-76

图 5-77

二、表现形式

1. 强弱对比

在设计中，有时会强调文字的图形功能。除了必须传达信息的文字外，其他文字元素的阅读功能都被削弱，而以其造型美感取胜，这是在有意识地运用夸张手法来强弱对比关系。

2. 多种字体的组合

在设计中要取得良好的画面效果，关键在于找出不同字体之间的内在联系，对其不同的对立因素进行组合，在保持其各自个性特征的同时，取得整体的协调感。为了形成生动的视觉效果，可以从字体的风格、大小、方向、明暗、肌理等方面选择对比的因素；为了达到整体的统一，既需要每种字体都符合设定的风格，又要形成总体的情调和感情特征。图 5-78 和图 5-79 所示的巴西某超市棉签产品的创意平面广告中的文字版式，通过字体的肌理、大小的变化给画面形成主次的流动性，又将字体的风格统一，给观者以统一的心理感觉。

图 5-78

3. 注重文字编排的能动价值

现代文字表达形式带有较强的"表现内涵"，可单独成为设计的主体。在文字的个性处理上要包含对主题的理解。文化领域与商业领域中，对文字编排的个性化要求是不尽相同的，商业广告设计中的文字要更为简练直白，要更直接地说出设计的主旨，这里的文字承担画面中的能动因素，是比图案、色彩更能直接传递信息的手段。

图 5-79

第 6 章

版式设计中色彩的运用

学习要点及目标:

1. 了解色彩的传达与情感
2. 梳理色彩的象征力
3. 了解色彩在版式中的视觉识别性
4. 学习运用色彩突出主题
5. 学习用色彩表现突出版面风格及空间感

核心概念:

色彩　象征力　主题风格

在版式中色彩相比于文字和图形给观者留下的印象更加深刻。在设计时需要考虑色彩传达的情感，根据主题选择最适合的色彩，运用恰当的色彩搭配，设计符合美学标准的版式。

第一节　色彩的传达与情感

色彩是版式设计视觉元素中的重要组成部分，设计不仅要满足对色彩本身的造型表达，还应该体现色彩所传达的情感。

一、冷暖色彩

色彩的冷暖指的是色彩的冷暖属性，是由个人心理和生理在固有经验的配合下产生的一种相对性的感觉。色彩的冷暖是通过两个以上颜色对比体现出的色彩属性。

红色、橙色、黄色常使人联想起明媚的旭日和燃烧的火焰，给人以温暖的心理感受，所以称为"暖色"；蓝色常使人联想起晴朗的蓝天、阴影处的冰雪，有寒冷的感觉，所以称为"冷色"；绿、紫等色给人的感觉不冷不热，故称为"中性色"。图 6-1 ~ 图 6-3 所示的分别是暖色调、冷色调和中性色调的平面设计。

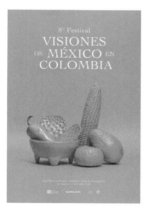

图 6-1　　　　　　　　图 6-2　　　　　　　　图 6-3

二、色彩的对比与调和

从色彩的性质上来说，色彩的对比分为色相对比、明度对比和纯度对比；从形象上来说，分为形状对比、面积对比、位置对比、虚实对比。

色相对比是指由色相之间的差别形成的对比，于是有了邻近色、对比色、互补色的区分，如图 6-4 ~ 图 6-6 所示的，是运用色相对比设计出的海报版式。邻近色又称同类色，指色相环上相邻的色。对比色是指色相环上间隔 120° ~ 170° 的色彩，对比色之间对比鲜明强烈。互补色是色相环上间隔 180° 的色彩，两者之间对比强烈但不冲突，可用来改变单调平淡的色彩效果。

 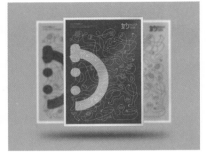 

图 6-4   图 6-5   图 6-6

　　明度对比是指色彩间深浅层次的对比。例如，一幅画面由黑白显示，黑与白等分为九级，最深为 1，最亮为 9，画面中所占面积最大的色彩深浅度决定了画面的明度基调。可分为三个明度基调：1～3 为低明调，4～6 为中明调，7～9 为高明调。低明调色彩表现的空间为沉静、厚重的，如图 6-7《敦刻尔克》海报设计所示；中明调的空间是柔和、稳定的，如图 6-8 巴西 Jade Nadaf 运动主题海报设计所示；高明调的空间是优雅、明快的，如图 6-9 法国麦当劳创意海报设计所示。

图 6-7   图 6-8   图 6-9

　　纯度对比是指各色彩含标准色成分多少的对比，简单来说就是色彩鲜艳程度的对比。由于纯度倾向和纯度程度的不同，色彩的视觉效果各有特点，高纯色表现艳丽、明确，容易引起视觉兴奋；中纯色表现柔和、沉静，能使人持久注视；低纯色耐看，容易使人产生联想。由于色彩对比的作用，用灰色衬托鲜艳色，鲜艳色会更加生动。纯度对比过强时，画面会出现生硬、杂乱、刺激、炫目的感觉。纯度对比不足，则会造成画面灰、闷、单调的情况。图 6-10～图 6-12 所示的是不同纯度画面的平面设计。

图 6-10   图 6-11   图 6-12

　　面积对比是指各种色块在构图中所占的量的对比，这与色彩本身的属性无关，却影响色彩表达效果。色彩面积小，则易见度低，会被底色同化，难以发现；而面积大，则易见度高，画面容易产生刺激感。

　　另外，在设计中要注意色彩视错觉的存在。色彩的视错觉是普遍存在的，对比的加强也会加强视错觉。在色彩的表现中，不要追求某一块的色准，只要大概感觉对就可以。图 6-13 和图 6-14 所示的是加拿大 Soubois 酒馆视觉海报设计，画面是通过面积所占大小形成的视错觉，颜色呈现出深浅的变化，面积较大的易显现，面积小的则被背景同化不易显现。

图 6-13　　　　　　　　图 6-14

　　色彩调和通常是指色彩的量比关系和秩序关系应符合视觉审美要求，在保证色彩变化丰富的同时，也应注重色彩关系的协调统一。例如，以色相为基础的配色是以色相环为基础进行思考的，用色相环上邻近的颜色进行配色，可以得到平静而统一的感觉，如图 6-15 和图 6-16 的界面设计所示。

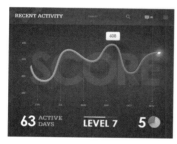

图 6-15　　　　　　　　　　图 6-16

第二节　色彩的象征力

　　色彩有很多象征，也就是说色彩有各种各样的情感表达。由于大众的生活经验是一致的，一般情况下色彩有着相对固定的象征。

一、色彩的一般象征

　　通常，色彩的象征还是明确的，例如，人们看见蓝色就会想到海洋、蓝天；看见绿色就想到草地、树叶；看到红色，就会想到太阳、红旗、火焰等。人们看见某种色彩都会产生相应的联想，给这种色彩一种形象的描绘，并随之产生一种心理感受。

　　红色（red）给人热情、活泼、张扬的感觉。红色容易引起人的注意，也容易使人兴奋、激动、紧张、冲动，也是一种容易造成人视觉疲劳的颜色，如图 6-17 所示。

　　黄色（yellow）灿烂、辉煌，有着太阳般的光辉，象征着照亮黑暗的智慧之光，表示财富和权利，它是骄傲的色彩。黄色也常用来警告危险或提醒注意，如交通标志上的黄灯、工程用的大型机器、学生用的雨衣雨鞋等。

　　橙色（orange）时尚、青春、动感，有种让人活力四射的感觉。橙色是欢快活泼的光辉色彩，是暖色系中最温暖的颜色，如图6-18所示。

　　绿色（green）清新，是生命健康、希望的象征，给人安全、平静、舒适之感。绿色所传达的清爽、理想、希望、生长的意象符合服务业、卫生保健业等行业的诉求，如图6-19所示。

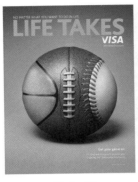

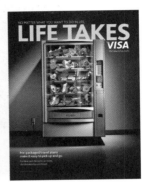

| 图6-17 | 图6-18 | 图6-19 |

　　蓝色（blue）是博大的色彩，天空和大海这样辽阔的景色都呈蔚蓝色。蓝色是永恒的象征，纯净的蓝色表现出一种美丽、文静、理智、安祥与洁净的感觉。它是最冷的色彩，也表现出了一种忧伤、难过的感觉。

　　紫色（purple）有高贵高雅的寓意，神秘感十足，代表着非凡的地位。人们一般会喜欢淡紫色，它有愉快之感；人们一般不喜欢青紫色，它不易产生美感。

　　粉红（pink）给人可爱、温馨娇嫩、青春浪漫、愉快的感觉。

　　棕色（brown）代表健壮，与其他色不发生冲突，属于中性色，有沉稳之感，因与土地颜色相近，给人可靠、朴实的感觉。

　　图6-20 ~ 图6-22所示的是Life Takes Visa的一系列平面广告，这组平面广告运用蓝色、紫色、粉色表现了不同氛围的Visa。

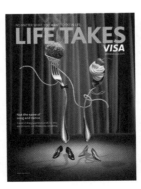

| 图6-20 | 图6-21 | 图6-22 |

黑白两色是一组对比色，黑色（black）具有高贵、稳重、科技的意象；白色（white）给人清爽、无瑕、简单的感觉，在东方也象征着死亡与不祥之意，这与地方的风俗习惯有关。图 6-23 所示的海报运用黑色表现了奥迪汽车的稳重感，用黑色衬托车内光亮，体现了科技感；图 6-24 所示的海报运用白色表现了酒店环境的轻松、安逸。

图 6-23　　　　　　　　　　图 6-24

二、色彩的特定象征

世界各民族、地区、领域对于某一色彩的认知不同，色彩有其特定的象征意义和使用范围。例如，英国人认为金色和黄色象征名誉和忠诚，银色和白色象征信仰和纯洁，青色象征虔诚和诚实，橙色象征力量和忍耐，黑色象征悲哀和悔恨等，如图 6-25 所示。又如在中国戏曲中色彩有不同的意义，红色表示忠义，黑色表示刚直勇敢，黄色表示暴虐，金银色表示神仙鬼怪等，如图 6-26 所示。

图 6-25　　　　　　　　　　　　图 6-26

不同的民族传统、欣赏习惯、文化修养会影响颜色的象征意义。例如黑色、白色在中国许多地方是人们哀悼死者的服装色彩，而在欧洲则被用作高雅、庄重的礼服的颜色，如图 6-27 所示。这些象征意义的产生，并不是色彩本身的功能，而是人们赋予了色彩某种文化特征。

色彩的象征意义有的通行世界，有的局限在一定的范围，一旦离开具体的前提，其特定的象征意义也就随之消失。由于国家、地区、性别、年龄等因素的差异，即使是同一种色彩，也可能会有完全不同的解读。在设计时，应该综合考虑多方面因素，避免造成误解。

图 6-27

三、色彩的无穷表现力

版式画面要表现家庭、温馨的主题时，可以使用暖色，暖色能在视觉上给予观者温暖、愉快的心理感受，如图 6-28 所示，通过色彩带来激情，刺激味蕾。要表现宁静、幽深的主题时，可以使用冷色，冷色能让人联想到冬天、海洋、夜晚，如图 6-29 所示，画面给人深远、广阔的感受。使用高纯、高明的色彩，可使观者产生亢奋、激动的心理变化；低纯度及低明度的色彩可使画面呈现出沉寂、静止的视觉氛围，如图 6-30 和图 6-31 所示。

图 6-28　　　　　　　图 6-29　　　　　　　图 6-30　　　　　　　图 6-31

人的情绪有喜怒哀乐的变化，色彩能够使人们产生类似的情感变化。不同的色彩就会有不同的表现，同种色彩也有多种象征，所以将这些色彩投放到画面中时，一定要控制好它们的比例及搭配，以免出现画面的杂乱。

第三节　色彩在版式中的视觉识别性

在版式设计的过程中，版式画面的识别性是通过合理的色彩搭配来提高的。版式画面的色彩体现是通过版式编排中图片、文字的色彩来呈现的，合理的图文配色起到了决定性的作用。

一、图形色彩的视觉表现

在版式中合理地运用色彩来表现不同的图形，可以使图形有所变化，画面显得丰富。图形色彩是图形视觉语言的重要组成部分，色彩是最为直接表现图形性格的要素之一，色彩运用得巧妙，能够充分体现图形魅力，如图 6-32 和图 6-33 挪威奥斯陆素食节海报设计所示。图形色彩的搭配要强调统一性、整体性和夸张性，与整个画面所呈现的风格氛围密切相关。

图 6-32　　　　　　　图 6-33

二、文字色彩的视觉表现

　　色彩对于文字的重要性在于文字内容的可读性受色彩影响。白底黑字最为常见，黑白两色互为对比色，色彩差距大，保证了文字的辨识度。鲜艳的色彩可以提高观者的注意度，但如果文字的色彩对阅读造成了影响，即使画面再美也是不可取的。对文字色彩的选择要考虑文字内容的主题与画面的主题风格，使文字色彩既易识别，又与整体版式的画面内容协调统一。图 6-34 所示的美剧《真探》的宣传海报设计是优秀的文字色彩表现的典范。

图 6-34

三、色彩对版面率的影响

　　版面率是由画面中空白版面的面积大小来确定的，版面中空白的画面越多，则版面率越低；版面中空白的画面越少，版面率越高。在版式设计中，色彩可以改变画面的版面率，使画面空旷或饱满。例如，画面中，白色的底色和红色的底色相比，白色画面的版面率要大于红色画面的版面率，如图 6-35 和图 6-36 "黎明－征服" 主题创意海报设计所示。因此，在一个画面中，当元素少的空间显得空旷时，可以通过色彩的变化来调整版面率，使画面达到饱满丰富的效果。

图 6-35　　　　　　　　　　　　　　　图 6-36

第四节　色彩是突出主题的利器

　　在版式设计中，色彩是突出主题的利器，往往观者可以通过色彩看到作品所要表达的内容。好的设计，色彩是对主题的承托与补充。

一、色彩与主题的搭配

　　版式设计中的色彩应该与设计的主题相配合，以烘托版式画面所营造的氛围，强化设计所要传达的信息，令读者产生心理上的共鸣。

　　在版式设计中，多种鲜艳的色彩搭配在一起，利用色彩组合的绚丽使画面呈现出朦胧、迷幻的感觉，使观者晕眩，并对版面留下深刻印象，如图 6-37 所示。

图 6-37

在版式设计中，采用大量的深色来渲染，模仿名画的色彩，勾起观者的回忆，并利用深色系与生俱来的低沉和稳健，帮助版面塑造怀旧、复古的视觉感受，如图 6-38 和图 6-39 所示，这是莫兰迪配色在现代海报中的运用。

在版式设计中，大量的暖色组合可以加强版面安全感的塑造，营造温馨的感觉，抚慰心灵，如图 6-40 所示。

图 6-38   图 6-39   图 6-40

色彩的华丽感与色彩的明度及纯度有关，在版式画面中采用明度与纯度偏高的色彩时，整个画面就会呈现出华丽富贵之感，如图 6-41 所示；也会呈现典雅之感，如图 6-42 所示。反之，整个画面采用低明度和低纯度的色彩，画面就会呈现淡雅柔和之感，如图 6-43 所示。

图 6-41   图 6-42   图 6-43

二、色彩在不同版面中的应用

在不同的版式设计中，色彩的应用会有一些差异。例如，在不同的环境主题下，同种色彩表达的情感也存在着差异，如黑色既可以增添画面的稳重感，也可以使画面呈现压抑感。

根据呈现媒介的不同，色彩也有着表现的差异。如图 6-44 所示，由于计算机屏幕是通过光的透色来呈现色彩的，所以应用于计算机范围内的设计版式色彩是通过 RGB 色彩模式表现的，RGB色彩模式是通过不同比例混合红（R）、绿（G）、蓝（B）3 种颜色来显示颜色的，所有颜色混合在一起就是白色，完全没有颜色就是黑色。另一种颜色模式是 CMYK 色彩模式，它是纸质媒介范围内设计版式色彩的常用色彩模式，是用不同比例的青（C）、洋红（M）、黄（Y）、黑（K）4 种油墨的色彩混合来表现颜色的。

图 6-44

还有一种颜色模式称为"专色"，是预先调好颜色油墨，利用专色专用的色板作样本确认颜色的。

三、不同媒体的色彩搭配

不同的媒体有不同的版式需求，对应的色彩搭配也有着一定程度的差异。如图 6-45 和图 6-46所示，普通的书籍类内容是以文字为主，色彩就不宜太多太花哨，否则影响阅读；时尚杂志类的图片多于文字，信息种类繁多，需要通过色彩区分板块。主题的时尚性也需要色彩保持高明度，让画面显得饱满。

图 6-45

图 6-46

网页设计版式画面中的色彩通常有较为明确的区分，以保证观者浏览页面时能够快速找到相应的区域，如图 6-47 和图 6-48 所示。保证整个画面色彩统一和谐的同时，运用色彩的纯度、明度来控制画面的丰富感，也运用不同颜色进行画面区域的区分，但色相的变化应尽量少，因为这会影响画面的和谐性，当然合理地运用邻近色、对比色可使画面灵活不呆板。

图 6-47　　　　　　　　　　　　　　图 6-48

　　由于智能手机的出现，手机端应用的版式画面大量运用色彩。有的是单色白底，配以灰色阴影和线条，达到版面区域划分，呈现高端简洁的工作风格，如图 6-49 所示；有的是多色彩的区域划分，但多以同类色搭配来达到整体的统一性，在统一中进行变化，让版面显得更有活力，如图 6-50 所示。

图 6-49　　　　　　　　　　　　　　图 6-50

　　海报的色彩运用如图 6-51 所示，海报通常强调版式画面的整体效果，颜色不宜过多，三四种颜色搭配较为合适，整体色彩与海报主题内容相配合。海报的文字色彩会与底色形成呼应，突出文字又不抢夺画面的中心视角。

　　在包装设计的版式中色彩也非常重要。在面积有限的包装版式画面中，过多色彩会使人眼花缭乱，简洁、单纯的颜色会更加吸引人的眼球，如图 6-52 匈牙利 I'M TEA 高档茶品牌茶包装设计所示。不过，如果只选用一种颜色，画面会显得单调。可以对同类色进行明度、纯度的更改，以达到版面的饱满，明快有力，又不杂乱无章，即使在距离货架很远的地方也能被看到。

图 6-51　　　　　　　　　　　　　　图 6-52

四、色彩的导向性

色彩除了丰满画面、活跃单调版面、传达主题的作用之外，还具有引导视线的功能。在版式设计中，颜色的呈现可以大幅度降低观者的搜索时间，因此起到提示引导作用。但是颜色过多也会降低人们处理信息的速度，因此色彩要简明。

第五节　用色彩表现突出版面风格及空间感

色彩可使画面具有空间感和鲜明的风格特征。色彩间各种属性的差异使画面前后层次明确；不同色彩间和谐搭配可为画面营造一种氛围，散发一种气质，这就是版面风格。

一、突出版面风格

版面色彩覆盖适度、构形规整、关系协调，使版式画面主题明确，内容丰富饱满且符合视觉流程，便于阅读。对重要版面区域，以色彩突出内容，同时淡化其周围的色彩氛围，突出版面中心。不过要注意，标题与正文之间字体颜色的搭配、标题与标题之间字体颜色的对比、主色调与次要色调的搭配，都有色调关系是否和谐的问题。各种颜色以什么样的关系相互搭配才能和谐悦目是有一定规律的，版式画面的色彩做到整体和谐，才便于突出版面风格。图 6-53 中运用低纯度低明度的色彩，使整体显得稳重，表现了画面主题——时光的流逝。

图 6-53

运用色彩突出版面风格需要注意版面色彩同一构形单位的颜色安排以及单位色块面积和形状的统一规整。同一级别的标题与正文，同一级别标题的引题、主题、副题，在颜色上一般不要有太大的变化，以避免因颜色差异而破坏整体阅读效果，如图 6-54 和图 6-55 所示。版面上的色彩区域切割过小，版面视觉效果会显得琐碎杂乱，主次不明，轻重不分，反不如版面上大大方方的几个色块有效果，能够给观者留下明确的表达意图，突出版面的主题。

图 6-54

图 6-55

二、增强版面节奏

版式设计中通常会以一种颜色作为主色调，辅以其他颜色，有主有次，使画面效果饱满丰富。根据主色的明与暗、浓与淡、深与浅的逐渐变化，用次要颜色来强化这种层次与流动的节奏性，形成相应的色彩韵律。但如果版式画面中所有的元素色彩都采用同一种色调，画面难免会显得沉闷、单一、平淡。因此在确定主色调之后，画面中会运用一些邻近色或互补色作为辅助色，使版面的色彩形成一种对比，让画面富有变化。主次的呼应增强了空间中的节奏，画面更加丰富，如图 6-56 啤酒平面广告设计所示。

图 6-56

三、色彩变化表现版面空间感

色彩可以从多方面影响空间感，明度、纯度都可以产生不同的变化，利用色彩前进与后退的特点，将色彩组合排列，就可以形成空间感。

普遍来说，深色后退，浅色前进；高纯度比低纯度所激发的空间感要强；暖色有近距离感，冷色有远距离感。当两个以上的色彩同时出现时，色彩有不同的前进感和后退感，浅色在深色之上时，浅色向前进，深色向后退；暖色向前进，冷色向后退；高纯度的鲜艳色向前进，低纯度的浑浊色向后退。图 6-57 和图 6-58 中利用色彩的这种特性将不同色彩组合在一起，形成色彩的不同层次感，表现画面的空间感，使主体形象突出，次要形象层次丰富。

图 6-57　　　　　　　　　　　　　　　　图 6-58

　　色彩自身本没有空间层次，但由于色彩自身的深浅特性和组合搭配，因此色彩的推移变化可以表现空间效果，色彩的面块也同样能表现出空间效果。通常版式画面色彩的差距小，如深红、紫红、玫瑰色、大红、朱红、粉红等，主要以明度、纯度程度的差别体现空间感；低明度、低纯度表现远景，高明度、高纯度表现近景，形成前后空间层次，如图 6-59 和图 6-60 的海报所示。

图 6-59　　　　　　　　　　　　　　　　图 6-60

　　此外，在版式设计中，对比色的运用可以形成前进、后退、重叠等丰富的画面层次，增大画面的纵深度。色相之间的差异比同类色之间对比的视觉效果更加强烈，更具有空间感。

第7章
版式设计中图片的运用

学习要点及目标:

1. 了解版式设计图片的分类
2. 掌握图片在版式设计中的比例
3. 了解图片在版式中的裁剪与表现
4. 了解图形设计的传承与共进

核心概念:

图片的分类及运用　表现手法　图片的裁切与提取
构图形式

　　图片作为版式设计中的重要构成元素之一，不但能直观形象地传达信息，而且能使读者从中获得美的感受，它比文字更能吸引读者的注意。因此，图片的应用对版式设计起着至关重要的作用。版式设计中图片的表现形式多种多样，包括不同色调、不同内容。不同的图片可以实现不同的设计效果。

<h2>第一节　图片的分类</h2>

一、按色调分类

1. 以色相为主的配色

　　在第 6 章中已介绍过人眼对色彩的感觉往往与自身的情感体验联系在一起，人们对色彩的冷暖体验最为鲜明。而图片大多是由色彩形成色块构成的，因此，在版式设计时，可利用图片中色彩的情感特性构建版式画面特定的情绪色调，并与其他造型因素结合，表现出更为复杂的情绪含义。根据图片中占比最大的色相分类，我们将图片分为黄调、红调、绿调、蓝调等，比如黄色居多为黄调，红粉色居多为红调等，如图 7-1 和图 7-2 所示。

图 7-1　　　　　　　　　　　图 7-2

　　有些图片中各色彩的占比差不多，并没有明显的比例区分，较为和谐，我们称之为中间调。图片色相的对比，是一种最富情绪的对比，可以用它来突出形体，构成空间，如图 7-3 ~ 图 7-5 所示。

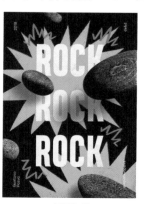

图 7-3　　　　　　　　　　图 7-4　　　　　　　　　　图 7-5

2. 以纯度为主的配色

按色彩纯度分类，版式中图片的色彩基调可分为浓调和淡调。高饱和度的为浓调图片，低饱和度的为淡调图片。浓调图片含有更多能量，能有效提升图片的艳丽感，给人生动的视觉印象，吸引观者的注意，如图 7-6 和图 7-7 所示。淡调图片则呈现出一种平缓、温和的视觉效果，富有浪漫气息，更强调文字内容，如图 7-8 和图 7-9 所示。

图 7-6   图 7-7

图 7-8   图 7-9

3. 以明度为主的配色

按色彩明度分类，版式中图片的色彩基调可以分为亮调和暗调。亮调图片的画面中大量运用白色和中性灰，给人以明朗、纯洁的感觉。暗调图片的画面中大量运用深色，给人以压抑、神秘的感觉。亮调图片虽然偏亮，但仍然能区分于版式中的背景、文字等其他元素，如图 7-10 和图 7-11 所示。在编排亮调图片时需要注意在版面中使用少量的深色成分，使亮调图片突出，并使版面有一定的层次。同样，暗调图片虽整体偏暗，但还是存在空间层次感的，在编排暗调图片时要注意版面亮色的使用，避免太过强烈的亮暗对比，要以突出版面文字为目的，如图 7-12 和图 7-13 所示。

图 7-10　　　　　　　　　　　图 7-11

图 7-12　　　　　　　　　　　图 7-13

二、按图片内容分类

在平面设计中，图片是依据自身的内容对主体信息进行表达的。不同的图片表现形式迎合了不同的版式设计需要，也反映了不同的设计主题。这就要求设计时要根据设计的需要，灵活运用图片的形式，如夸张、具象、抽象、符号性、文字性图片等，使其为设计服务，提高版面的注目度。

1. 夸张图片

夸张的图片能直接、鲜明地揭示事物本质，突出设计主题，增强艺术传达效果，赋予版面新奇而变化的情趣，使版面效果更加生动，如图 7-14 和图 7-15 所示。

图 7-14　　　　　　　　　　　图 7-15

2. 具象图片

具象图片是写实性与装饰性的结合，这样的图片给人带来一种亲切感，留下直观的视觉印象，使版面构成一目了然，如图 7-16 和图 7-17 所示。

图 7-16　　　　　　　　　　　　图 7-17

3. 抽象图片

抽象图片运用简单的点、线、面等元素，体现事物本质的特性，是规律的概括。抽象图片为版面营造了想象空间，引导读者去联想与体味，使版面具有一种广阔感和深远感，并富有时代气息，如图 7-18 ～图 7-20 所示。

图 7-18　　　　　　　　图 7-19　　　　　　　　图 7-20

4. 符号性图片

符号性图片是一种高度提炼和概括的图片，其本质就是一种视觉符号，它暗示与启发观者产生联想，进而揭示内在的设计意图，如图 7-21 ～图 7-23 所示，这是云闪付公司设计师为不同职业设计的"福"字。

5. 文字性图片

文字性图片包括图片文字和文字图片两层意思。图片文字是指文字用图片的形式表现出来，最常见的是文字类 Logo 设计，如图 7-24 所示，这是陈幼坚先生为可口可乐设计的流线型字体；文字图片是指利用文字作为基本构成元素形成图片，进而构成版面，使版面图文并茂，如图 7-25 所示。

图 7-21

图 7-22

图 7-23

图 7-24

图 7-25

第二节　图片在版式中的比例

　　图片在版式设计中占主要地位，因为其能够更直观、准确地传达信息，表现设计主题。图片的比例设置和分布使画面具有视觉的起伏感和极强的视觉冲击力，吸引观者的注意，更好地传达信息。

　　图片的比例影响着整个画面的跳跃率。所谓跳跃率，就是画面中最小面积的图片与最大面积的图片之间的比例。图片之间的比例大小不仅在于图片本身的大小，还包括图片本身所含信息量的大小。比例越小，越显得画面稳定与安静；比例越大，越表现出画面强烈的视觉冲击效果。图片根据版式的需要分布在版式中，应该注意图片与图片间的关系，如图 7-26 和图 7-27 所示。

图 7-26

图 7-27

　　图片在版式中的编排影响版式的视觉效果，有些图片在版式中分布得过于杂乱，版式也会显得杂乱无章。统一图片分布，可以使版式显得整齐，如图 7-28 所示。

图 7-28

一、出血图片让画面更加饱满

　　出血图片是指超过页面大小的图片，它没有边框的束缚，使版面具有一种向外的张力，同时还具有一种运动感。出血图片拉近了版面与读者的距离，增加了版面的联想性，让画面更加饱满，如图 7-29 ~ 图 7-31 所示。

| 图 7-29 | 图 7-30 | 图 7-31 |

二、图片大小组合也有规则

　　图片的大小影响着信息传递的先后顺序。我们要通过对整体版面的把握，确定图片的大小，从而有效地传递信息。

　　在版式设计中，应将含有重要信息的图片放大，因为大尺寸的图片通常更能引起读者注意，同时缩小次要图片。这种图片编排能形成空间层次感，如图 7-32 所示。此外，对图片大小进行一定程度的协调统一，将图片大致分为大、中、小三个级别，还能制造版面节奏感，如图 7-33 所示。

图 7-32

图 7-33

三、图片排列的形式美

在版式设计中，图片所产生的视觉效果与其所在位置的排列有很大关系。通常情况下，版面的左右、上下及对角线上都是视觉的焦点，因此将重要的图片排列在这些位置，可以突出主题，增强视觉冲击力。

1. 左侧

通过主体图片的左置处理，将版面展现出统一的方向性，同时还能增强版式结构的条理性，使版面产生由左向右的阅读顺序，如图 7-34 所示。

图 7-34

2. 右侧

将主要图片放置在版面的右侧，与人们的阅读习惯恰恰相反，产生了颠覆性的视觉流程，有效地打破了常规，在感官上给读者留下深刻印象，如图 7-35 所示。

3. 中央位置

中心是整个版面中最容易聚集视线的位置。将主要图片放置于版面中心，能够提升图片的视觉表现力，吸引读者注意。同时，将文字以环绕的形式排列在图片四周，使画面显得饱和、集中，如图 7-36 所示。

图 7-35　　　　　　　　　　　　　　　　　图 7-36

4. 上方

将图片摆放在版面的上方，可以为文字信息提供更多的表现空间，通过规范有度的编排形式，反映出版式设计的专业性与务实性，该方式常用在报刊、杂志中。同时，从上往下的阅读方式同样符合人们的阅读习惯，使读者从图片中快速得知文字所要表达的内容，如图 7-37 和图 7-38 所示。

图 7-37　　　　　　　　　　　　　　　　　图 7-38

5. 下方

在一些文字较少的海报设计中，版面的视觉要素非常有限。为了使观者在第一时间获取主要信息，设计者通常会将图片放在版面下方，以突出文字要素，更清晰、准确地传达相关信息，如图 7-39 和图 7-40 所示。

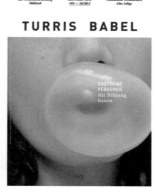

图 7-39　　　　　　　　　　　　　　　　　图 7-40

四、图片的裁剪与提取

图片裁剪是版式设计中最基本、最常用的方法之一，使图片更为美观，更适合版面的需要。

放大裁剪图片，提取图片中的某一部分，形成局部放大的效果，以减少图片多余信息。这种方法能有效地将读者的视线集中到想要展示的内容上，如图 7-41 和图 7-42 所示。需要注意的是，裁剪后的图片应有足够大的分辨率，以保证印刷成品的清晰度。

图 7-41　　　　　　　　　　　　　图 7-42

第三节　图片在版式中的裁剪与表现

在版式设计过程中，有时候会对图片进行裁剪处理，裁剪图片不仅是将不需要的部分剪掉，也改变了图片整体长宽比例，以调整图片效果，使版式设计更加贴合主题，制作出效果更好的设计作品。

一、版面氛围的表现

图片在版式中的裁剪使版面氛围留有余味，令观者心情愉悦，如图 7-43 所示。

图 7-43

二、图片的构图形式

图片的编排对版式起着至关重要的作用。版式设计中的图片表现形式多种多样，包括方形图、圆形图、去底图、特写图和出血图等，不同的形式可以实现不同的设计效果。

1. 方形图与圆形图

方形图又称角版图，是最常见的一种图片形式，一般通过照相机、扫描仪等途径获得。方形图构成的版面给人大气而平稳的视觉印象，如图 7-44 所示。圆形图削弱了方形图四角的锐利感，呈现出圆润、柔和的视觉印象，使版面充满轻松、活泼之感，如图 7-45 和图 7-46 所示。

图 7-44

图 7-45

图 7-46

2. 去底图和特写图

去底图又称瓦版图，就是删除图片背景，使图片主体独立呈现的一种方式。这种方式能轻松、灵活地运用图片，使画面空间感强烈，版面形式灵活多变，如图 7-47 所示。需要注意的是，使用去底图时要将背景图删除干净，避免留下难看的杂边。而特写图能使原本普通的画面呈现意想不到的视觉效果，令人惊喜，如图 7-48 所示。

图 7-47

图 7-48

3. 出血图

前面已介绍过出血图，如图 7-49 和图 7-50 所示。

图 7-49　　　　　　　　　　　图 7-50

三、通过裁剪缩放版面图像

在固定的页面范围内进行图片排版，往往会根据整体构图的需要对图片进行裁剪，使整体版式呈现更为美观的设计效果，如图 7-51 所示。

通过对图片进行裁剪，可以改变原图片所具有的长宽比例类型，使图片适应排版的空间，有效地将读者的视线集中到重点内容上。

经过裁剪的图片比实际原图的尺寸小，但是通过图片的放大处理，在保持原图片尺寸的同时，可以展示图片的局部。如果将裁剪后的图片外轮廓的长宽比设定为与原图相同的比例，那么也可以在不改变图片整体印象的同时调整图片的缩放效果。

图 7-51

四、通过裁剪调整图像位置

就图片而言，拍摄对象在图片中的位置能影响图片带给读者的视觉印象。当图片的拍摄没有取得预期效果时，在后期排版时更需要对图片进行裁剪调整，以改变画面的视觉重心，如图 7-52 所示。

图 7-52

第四节　图形设计的传承与共进

一、图形设计的传承与创造

传承，需要对文化做深层次的理解，透过形式之实把握精神之真，将内涵化的修养在作品中自然流露。历史长河里有众多被公众解读的经典作品已沉淀为公众记忆与审美的大众图像，这些作品与公众产生情感上的共鸣，它们和现代图形的广泛结合就有了似曾相识的亲切感，容易感染公众。

二、欧洲图形设计的形式与应用

欧洲的图形设计受地域文化的影响，特别强调图案构成的规律性和合理性，注重美学法则在创作中的应用，追求匀称整齐、节奏明快、有趣独特的艺术效果。欧洲图形设计一般有以下6种形式特点。

1. 秩序感

自然界中的事物，无论是结构、形态还是运动规律，都呈现出丰富多彩的有序的形式，这种"秩序"既是静态的，也是在运动中不断变化的。贡氏在《秩序感》中提到："有一种秩序感，它表现在所有的设计风格中，而且，我相信它的根在人类的生物遗传之中"。与纷扰的自然界一样，艺术领域同样体现着变化多样的秩序。艺术的各种形态具有秩序化的特点，它体现于视知觉的建构过程中对视觉经验和运动规律的适应、感知和选择。解读艺术的秩序感的过程正是我们感知和创造艺术形式美的过程。

秩序感既客观存在于世间万物中，也是人们主观视知觉经验的积淀。图形设计作为视觉传达方式，要求在有限的版面上将视觉元素进行有机的排列组合，传达理性思维与个性化风格相结合的艺术特点。图形设计追求的是逻辑性的视觉表达，具有规律性的形式美，如图7-53～图7-55所示。

图 7-53　　　　　　　　图 7-54　　　　　　　　图 7-55

2. 适合性

每个图形都是一个精神实体，特定的图形会产生特殊的精神感染力，设计师通过图形来传达信息，寻求形式与色彩的适合性，如图7-56和图7-57所示。

图 7-56　　　　　　　　　　　图 7-57

3. 单纯化

单纯是一种高度概括、极度浓缩的抽象形式，是众多因素不断组合、筛选出来的。单纯化是图形设计准确性与清晰性得到保证的前提条件，因为单纯的样式会提高图形被记住的可能性，使版面重点突出，视觉效果得到最优化，如图 7-58 和图 7-59 所示。

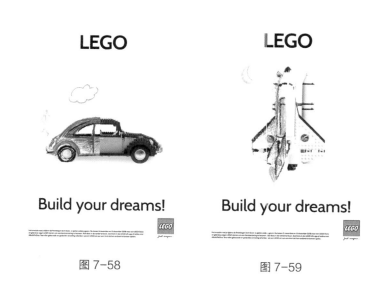

图 7-58　　　　　　　　　　　图 7-59

4. 夸张式

夸张是设计创作的一种基本创作形式，通过这种手法可以直接鲜明地揭示事物的本质，增强其艺术传达的效果，产生新奇与变化的情趣，使版面的形式更加生动与鲜明，进而引起人们的联想，如图 7-60 ～图 7-62 所示。

版面通过图形大小和形式的夸张对比，给人带来丰富的想象空间，使版面充满一种新奇感，达到吸引目光、引人注意的目的。在现代多层次交叉的信息环境中，创造个性化的设计作品更有利于强化视觉冲击力，起到出奇制胜的传达效果。

图 7-60

图 7-61

图 7-62

5. 平面化

将各种复杂多变的信息通过简洁的图形形式表现，使多维的设计趋于平面化，如图 7-63 和图 7-64 所示。

图 7-63

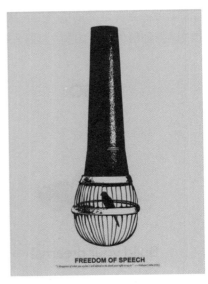

图 7-64

6. 符号化

图形的本质就是一种视觉符号，当一个物质具备了传达客观世界信息的作用并被公众认同时，它就具有符号的特点，比如停车标志就被人们普遍接受并执行。图形就是一种高度凝练和概括的符号，这种符号具有象征性、形象性和指示性。

象征性就是通过感性的、含蓄的图形符号暗示与启发观者产生联想，揭示其内在设计意图，如图 7-65 和图 7-66 所示。

符号的形象性与指示性是由图形符号本身的样式决定的。形象性是指以清晰的图形符号去表现版面的内容，是一种直观的形象表达；指示性是指通过图形引领观者的视线按某种方向进行流动。

图 7-65 　　　　　　　　　　　　　　 图 7-66

三、中国传统图形设计的形式与应用

1. 传统图形传承与创造的意义

我国传统图形艺术发展至今已有几千年的历史，早在文字诞生之前，人们就开始使用图形来传达思想与沟通感情。我国图形艺术起源较早，发展时快时慢但从没有中断过，在千百年不断吸收、融合、演化的过程中逐渐形成了具有中国文化特征的视觉符号。它们有一以贯之的脉络，又有着兼容并蓄的包容态度，显示出独特、深厚并富有魅力的民族传统和民族精神。传统的中国图形在现代设计中的运用以科学的态度去粗取精、去伪存真，让民族性和现实性得到弘扬光大。真正的艺术是无可赋形的，它应该是一种精神或态度，理解它，拥有它，融化在血液里，升华在生活中，才是真正的艺术，如图 7-67 和图 7-68 所示。

图 7-67 　　　　　　　　　　　　　　 图 7-68

开放创新的精神主导着设计师们的创作观念，他们将传统的图形元素以现代的方式来演绎。以中国邮政标志设计为例，如图 7-69 所示，它的基本元素就是中国古体的"中"字，在此基础上，设计师根据我国古代"鸿雁传书"这一典故，将大雁飞行的动势融入标志的造型中。该标志以横向

109

与纵向的平行线为主构成，形与势互相结合、归纳变化，表达了服务于千家万户的企业宗旨，以及快捷、准确、安全、无处不达的企业形象。但如果观者不了解古体中字的写法或是不知道鸿雁传书的典故，那又怎么能够理解设计者的意图和图形中的情感呢，所以设计是需要社会文化的支持的。

2. 传统图形的类型与形式

中国传统图形多指具有独特民族艺术风格的图案。中国传统图形源于原始社会的彩陶图案，已有 6000 ~ 7000 年的历史，一般有原始图形、古典图形、民间民俗图形、少数民族图形等，如图 7-70 所示。

3. 水墨的意境与魅力

水墨，是中国传统绘画的精华，其意蕴之美体现了中华文化的精髓，其虚实相生、寓繁于简的情感诉求方式成为中国传统形式美的法则，如图 7-71 ~ 图 7-73 所示。

图 7-69

图 7-70

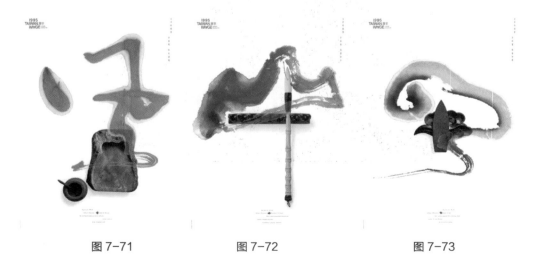

图 7-71　　　　　　　图 7-72　　　　　　　图 7-73

图 7-74 和图 7-75 所示的是徽州主题的系列招贴广告，这些体现意境、心境的墨色，决定了整个画面的重要风格——恬淡与雅逸，恬淡而不焦躁，雅逸而不俗浊，有着一种既关心世事，又超然物外的洒脱。这样的设计作品带给人们的不是震撼、惊异，而是和悦深邃、清新自然之感，这样的水墨画充满浓郁的中国传统文化特色，起到了弘扬民族文化、体现人文精神的作用。

 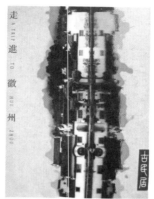

　　　　　图 7-74　　　　　　　　　　　图 7-75

设计对于水墨元素的运用，延续了水墨艺术中以形写意的特色，注重表现水墨的情调与朦胧韵味。设计风格简洁、形式优美，达到一种"静、虚、空灵"的至高意境，充分表现内在的精神气质，如图 7-76 和图 7-77 所示。

　　　　　图 7-76　　　　　　　　　　　图 7-77

MORTISE
STUDIO

第 8 章

不同媒体下的版式设计

学习要点及目标：

1. 了解不同媒体下的版式设计
2. 学习版式设计视线的诱导因素和空间运用
3. 掌握版式中内容与形式的统一

核心概念：

版式策略　版式设计原则　内容与形式的统一
创意多元化

第一节　招贴的版式设计

招贴设计属于户外平面广告宣传的一种形式，它以大面积的版式传达信息，具有强烈的视觉效果，是信息传递最古老的形式之一。招贴设计具有视觉效果强烈、版式简洁、信息传达明了等特征，在信息传达中占有重要地位，如图 8-1 ~ 图 8-3 所示。

图 8-1　　　　　　　　　　图 8-2　　　　　　　　　　图 8-3

一、视线的诱导因素

版式设计中的视觉流程是一种视线的"空间运动"，这种视觉上的版面空间流动所形成的路径被称为"视觉虚线"，这条线连接着版面的各个元素，引导人们的阅读。

视觉虚线的形成是由人类的视觉特性决定的，因为人眼晶体结构的生理机构只能产生一个焦点，这就决定了人们不能把视线同时集中在两个以上的位置。所以在对版面元素进行安排时，我们必须确定它们在版面中的主次关系与先后顺序，以更好地引导读者的视线，如图 8-4 所示。

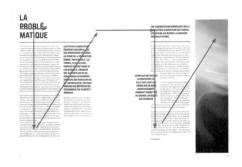

图 8-4

1. 线形方向

（1）横向视线诱导

横向视线诱导又叫水平视线诱导，指通过版面元素的有序排列引导视线在水平线上左右来回移动，这是最符合人们阅读习惯的流程安排。横向视线诱导让版面的构图趋向于平稳，能够给人带来一种安宁与平和的感受，给版面定下一个温和的感情基调，常用于比较正式的版式设计中，如图 8-5 所示。

（2）竖向视线诱导

竖向视线诱导又叫垂直视线诱导，指版面元素以竖直中轴线为基线进行编排，引导视线在轴线上做上下的来回移动，常用于简洁的画面构成中。但是竖向视线诱导要注意把握好上下之间的距离，避免视觉疲劳。例如，图 8-6 中采用居中对齐的文字编排方式，在整体流程上做竖向引导，使版面在有限的元素构成中达到平衡。

　　竖向视觉诱导使版面具有很强的稳定性，有稳固画面的作用；简洁有力的视觉流向带给人一种直观坚定的感觉。

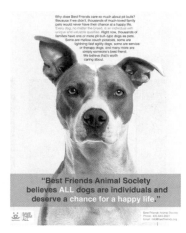

图 8-5　　　　　　　　　　　　　　　　　　图 8-6

（3）斜线方向视线诱导

　　斜线方向视线诱导是一种具有强烈动态感的构图形式，主要指图片或文字的排列能够引导视线沿倾斜方向移动。这种倾斜的视觉效果带来不稳定的心理感受，具有强烈的运动感，能够有效地吸引人们的注意力，如图 8-7 和图 8-8 所示。

图 8-7　　　　　　　　　　　　　图 8-8

2. 形状方向

　　视线的诱导因素还包括形状方向，指任何能够明确指示方向的形状，将受众的视线引导至画面的主体部分。

3. 组合编排

　　同一个元素或者相似的元素重复排列，可以引导受众的视线，并形成一定的空间递进的感觉，如图 8-9 所示。

图 8-9

4．运动趋势

运用具有动作感强烈、幅度很大的动作或者夸张的表情，可以引导受众的视线跟随运动方向，去关注画面所传达的信息。

二、招贴版式中的空间运用

在版式设计中，画面的四条边线限定了各个构成要素的范围，"有限的空间，无限的内容，是梦想"。空间感也可以解释为画面的层次感。

"计白守黑"的"黑"就是指版式设计中所要编排的内容，是实实在在的，是观者一眼就能看到的东西。而相对应的"白"，是"余白"，是"虚"的特殊表现手法。空间不仅需要应用"余白"，也要注意字距、行距，力求达到整幅画面最平衡、最舒适的视觉效果。在现代招贴设计中，余白的应用是为了衬托主题，使信息有序地传达，同时也使画面富有意蕴。

1．空间比例

版式设计的空间比例是由构成元素的面积大小形成的。在版式设计时应将主体形象放大，次要形象缩小，使版式形成主次、强弱分明的空间层次关系，使版面富有立体感，如图 8-10 和图 8-11 所示。

图 8-10　　　　　　　　　图 8-11

2．空间方向

版式设计的空间方向常常是利用各项构成要素组合而成的近、中、远三个层次的某些方向来表现的,如图 8-12 所示,在阅读的过程中,可以感觉到一个平面里涌动着与视觉流程方向一致的气氛,这就是版式设计中视觉空间方向的魅力和意义。

3. 位置

位置关系的空间层次是由文字与图片的前后、上下排列产生的。版式设计时应将重要的信息安排在注目度高的位置,其他信息则安排在注目度相对较低的位置,从而形成层次感,如图 8-13 和图 8-14 所示。

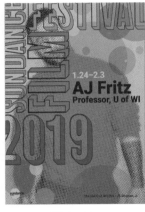

图 8-12　　　　　　　　　　图 8-13　　　　　　　　　　图 8-14

4. 集中

集中构图指版式设计中大部分元素按照一定的规律朝同一中心点聚集。集中构图能够强化版面的重点元素,同时具有向内的聚拢感和向外的发散感,如图 8-15 和图 8-16 所示。

图 8-15　　　　　　　　　　图 8-16

5. 空白

画面中任何形式的存在,都占据着一定的空间,称为实空间;除了实空间就是虚的空间,称为空白。空白可以使画面具有透气感,给人舒畅的感觉,不会使人感到视觉疲劳,如图 8-17 所示。对空白以某种色调装饰,能更加衬托出图形和文字的活跃性,具有强烈的视觉冲击力。虚的空间和实的空间发生对比,有时虚的空间也充当图形出现,表达的内容更含蓄、更深刻、更丰富。

6. 饱满

饱满的版面以图片信息为重点。图片铺满整个版面,具有强烈的视觉冲击力,给人以直观的视觉感受,整体效果大方且层次分明,常用于平面广告,如图 8-18 和图 8-19 所示。

图 8-17　　　　　　　　　　图 8-18　　　　　　　　　图 8-19

7. 秩序

招贴设计中的秩序是一种人造的秩序,属于社会秩序的范畴。因为秩序不是很明显地显现在客观世界中,所以需要人们去不断地发现和探索。对招贴设计而言,设计师通过对自然秩序的感知、选择和运用来创作具有合理秩序的作品,以达到与受众审美秩序的同构,如图 8-20 和图 8-21 所示。如果设计作品脱离了秩序化的表达,作品则是不符合客观规律的、杂乱无章的、有缺憾的,甚至是没有价值的。人们对秩序的本能追求是一个永恒的话题,可以说秩序会始终伴随着招贴设计而行。

图 8-20　　　　　　　　　　　图 8-21

8. 层次

在版式设计中,利用图形营造出层次感,可以使版面更具空间延展度,引人注目,如图 8-22 和图 8-23 所示。

图 8-22

图 8-23

三、招贴设计的创意方法

1. 联想与想象

在设计中联想与想象是创意的关键，是形成设计思维的基础，可以让观者由某事物联想与想象到相关的事物。客观事物之间是通过各种方式相互联系的，因此可以找出表面毫无关系甚至相隔甚远的事物之间的内在联系。这种内在、外在的关联为我们的创意提供了广阔的空间，如图 8-24 和图 8-25 所示。

图 8-24

图 8-25

2. 比喻与象征

比喻与象征是对某事物的特征进行描绘与渲染，以表达真挚的感情和深刻的寓意，它根据事物的相似点，在不同事物之间架起桥梁，用具体、浅显、常见的事物对深奥生疏的事物解说，使事物生动形象、具体可感、易于理解，给人鲜明深刻的印象，如图 8-26 和图 8-27 所示。

图 8-26　　　　　　　　　　　　　图 8-27

3．借代与拟人

借代与拟人指在招贴中借助丰富的想象，把物当成人或把人当成物来设计，或者把甲物当成乙物或把乙物当成甲物来设计，如图 8-28 ~ 图 8-30 所示，它能启发观者想象，令招贴设计更加生动。

图 8-28　　　　　　　　　　图 8-29　　　　　　　　　　图 8-30

4．夸张与变形

夸张与变形指在招贴设计中运用丰富的想象扩大事物的特征，甚至产生变形，以增强表现效果。这种手法可以突出商品形象，反映人们对商品的强烈感受，如图 8-31 和图 8-32 所示，观看招贴设计的时候，观者可以从视觉层面上产生强烈的感受和冲动。因此，这种表现手法可以为产品开发潜在的消费者市场。

图 8-31　　　　　　　　　　　　　图 8-32

5. 幽默与讽刺

幽默与讽刺指用有趣可笑的方式或用讥笑和嘲讽表达意味深远的内涵。幽默与讽刺是智慧的体现，以其独特的美学特征和审美价值，对传统价值观提出质疑，创造充满情趣、耐人寻味、诙谐有趣的情境，有效拉进信息和观者的距离，如图 8-33 和图 8-34 所示。

图 8-33   图 8-34

6. 解构与重构

"解构"即"消解"，是一种"分解"的意识和精神，各种符号不断被解构、超越，被解构的事物和符号意义反而在被怀疑和超越中被把握。"解构"这个词暗示把某种统一完整的东西变成支离破碎的片段或部件。

解构手法是思想模式的突破、思考"中心"的消失、意识的流动。招贴中运用解构的手法会表现出一种不确定性、游离性、无序性、碎片性，呈现出一种非理性、不连续、不成次序的时空混乱。其自由感正是人们对现实、权威等的不肯定，以及小众和多元标准的建立，如图 8-35 和图 8-36 所示。

图 8-35   图 8-36

重构是将事物与事物之间的某些相似因素按一定的内在联系与逻辑进行图形符号的构成。在招贴中使用人们日常熟悉的图形，然后以新的重构方式组合，引起观者的好奇心。

7. 创意多元化

优秀的设计作品不仅是以表现手法作用于人的感官，更是以内在的力量作用于人的心灵。创造是设计的使命，创造力是设计师的生命。循规蹈矩，是因循守旧的同义词；程式化，是僵化不发展的代称。创意多元化能更好地促进事物的发展，打破常规，创意无止境，如图 8-37 和图 8-38 所示。

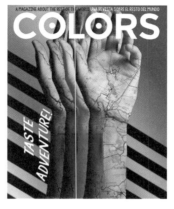

图 8-37　　　　　　　　　　　　　图 8-38

四、招贴设计的版式策略

1. 视觉反差

招贴设计的视觉反差是指不同事物或同一事物的不同方面通过视觉编排方式上的对比形成的差异，如图 8-39 所示。

2. 空间力场

力场是人的视觉心理对空间的一种感受，其受向心力、离心力等作用力的影响，使画面产生引力和张力。向心力、离心力的产生与画面边缘的限制有一定的关系，当构成元素超出画面时，则画面的张力增加，充满动感；当画面元素居于版面中间而四周留有许多空白时，画面有收缩感和安定感，并使观者的视线集中到画面上，如图 8-40 所示。

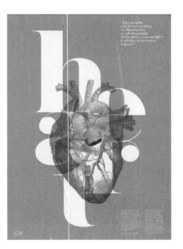

图 8-39　　　　　　　　　　　　　图 8-40

3. 空白运用

在招贴设计中，为了能够起到很好的视觉效果，可以适当运用留白艺术。留白是为了使有文字和图片存在的部分更加突出，衬托出版面的主题。应好好斟酌留白的多少和比例，从而提升版式设计的美感，如图 8-41 和图 8-42 所示。

图 8-41　　　　　　　　　　　　图 8-42

五、招贴设计的表现形态

1. 招贴的系列表现

招贴的系列表现指画面中形成一个完整的视觉印象，使画面和文字传达的广告信息十分清晰、突出、有力。招贴画面本身有生动的直观形象，多次反复的不断积累能加深人们的印象，从而产生好的宣传效果，如图 8-43 ～图 8-48 所示。

2. 招贴的立体表现

招贴的立体表现指在设计中对立体形象进行强调、取舍、浓缩，以独到的想象抓住一点或延伸放大，以更充分地表达主题思想，如图 8-49 所示。

图 8-43　　　　　　　图 8-44　　　　　　　图 8-45

图 8-46　　　　　　　　　图 8-47　　　　　　　　　图 8-48

3.　招贴的环境表现

招贴既要在限定空间和时段内完整传达创意诉求，还要考虑
受众的接受程度。在看到和喜欢之间，招贴先要让人愿意看到，
然后才能谈得上喜欢。招贴本身的创意与设计很重要，同时被投
放的时空也很重要，于是选择何种时段和选择什么样的环境对招
贴的注意力吸引程度起到了重大影响。

招贴"张贴"的大环境往往是既定的：写字楼、购物商场、互
联网与手机、高尔夫俱乐部或机场贵宾厅等。

图 8-49

第二节　DM 宣传单的版式设计

一、DM 宣传单的版式设计概念

1.　什么是 DM

DM 是英文 Direct Mail 的缩写，即直邮广告，是主要通过邮寄、赠送等形式传到人们手中的
一种信息传达载体。

2.　DM 宣传单的类型

DM 宣传单的表现形式多样，包括传单、折页、请柬、立体卡片、宣传册等，运用范围广泛。

3.　DM 宣传单的版式特点

DM 是一种非轰动性效应的广告，主要以良好的创意、富有吸引力的设计语言来吸引目标对象，
以达到较好的信息传达效果。由于 DM 宣传单版面空间有限，因此，在有限的空间里进行合理而富

有创意的编排成为设计的重点。此外，设计师既要充分考虑其折叠方式、尺寸大小等方面，以便于邮寄或投递，还应根据具体的版式需要设置出血，以免裁切时造成页面的缺损，如图 8-50 所示。

图 8-50

4. DM 宣传单的版式构成

（1）标题

标题是表达设计主题的文字内容，具有吸引力，能使读者注意，引导读者阅读。标题要用较大号的字体，安排在版面中最醒目的位置，应注意配合版面整体风格的需要。

（2）正文

DM 宣传单中的正文多为说明文字，基本上是标题的解释补充。正文文字的大小和字体风格要根据画面整体风格进行选择。

（3）广告语

广告语是配合标题和正文加强产品形象的短语，应顺口易记、言简意赅，在设计时可放在版面的任何位置，仅次于标题字体的大小，样式要独特个性，符合整体版式风格。

（4）插图

DM 宣传单中插图占据了重要的角色，有形有色，具有较强的艺术感染力和诱惑力，突出主题，但插图的选择应与广告标题相配合。

（5）色彩

彩色版 DM 宣传单多鲜艳绚丽，黑白版则层次丰富，运用色彩的表现力，可增强版面的注目效果，如图 8-51 所示。

图 8-51

二、DM 宣传单的设计原则

DM 宣传单设计有其自身的设计原则，它不能像招贴设计那样艺术，也不能像传统报纸"直线＋方块"那样过于单调。DM 宣传单传达产品信息，注重强烈的夺目性，有促销的诉求。因此，DM 宣传单整体必须协调、统一，条理分明，简洁大方，方便阅读，遵循以下两个原则。

1. 引人注目的版面"诱读原则"

DM 宣传单版面不能太花太绚，也不能过分平静，但要做到画面具有强烈的视觉冲击力，色彩运用要大胆，可重点突出 DM 宣传单中的某一构成要素，主次分明。

2. 版面干净的"可读性原则"

DM 宣传单的主要职责就是传达广告信息，为人们的生活提供便利服务，内容涉及人们生活的各个领域。为了方便观者查找与之相关的生活信息，设计时应分析信息的重要程度，突出放大装饰重点，增加画面的层次感。DM 宣传单整个版面必须干净整洁，画面所有元素都是为了方便查找信息服务的。

第三节　杂志的版式设计

一、杂志的版式设计概念

杂志是信息传递的又一重要载体，其种类繁多。根据出版物的读者群定位进行杂志的版式设计，可以有效引导读者阅读，达到传递信息与销售杂志的目的。

1．杂志版面常见尺寸

当下杂志设计以 210mm×297mm 的尺寸最为流行，加上文件的四周各出血 3mm，则整个文件的尺寸为 216mm×283mm 的规格。这种规格不但整体上看起来大方，内容明了，而且能够形成足够的视觉冲击力吸引读者的注意，如图 8-52 所示。

除去最流行的尺寸，杂志常见的设计尺寸还有哪些呢？

一般用于书刊的全张纸的规格有 787mm×1092mm、850mm×1168mm、880mm×1230mm、889mm×1194mm 等。

杂志一般为 16 开，也有 32 开。

图 8-52

2．杂志的形式与特点

杂志已普遍为大众所认知，成为我们获取信息的主要来源之一。杂志的形式很多，按照出版周期来分，分为周刊、半月刊、月刊、季刊等；按照内容来分，可分为专业刊物和通俗刊物等。由于不同的杂志形式，杂志具有了以下 4 个特点。

（1）周期化

杂志可划分为周刊、半月刊、月刊、季刊等，因而期刊的封面、目录等常规信息页面的版式设计需要具有延续性，以确保刊物视觉效果的整体性和周期性。

（2）信息化

杂志为了传递较多信息，页面则以密集的视觉形象出现。尤其是在时讯杂志中，版面极其紧凑，在页面的每个角落都安排了信息。

（3）风格化

杂志的版面设计以文本和图像为主要视觉元素，并且明显形成了两类风格走向：一类是专业刊物，以文字编排为主，辅以简单的图片穿插，营造出刊物权威严肃的面貌；另一类是通俗刊物，图像为主导内容，辅以简单的文字解释，提升视觉阅读的快感。

（4）模块化

杂志是由不同栏目内容组成的，内容的多样决定了版式的模块化。在杂志版式的设计过程中，既要保证每个模块单元各自独立，又要保证页面整体的统一。

3. 杂志版式设计要素

（1）文字的设计

杂志版式设计中，文字是主要的信息传递元素，人们通过对文字的阅读理解掌握信息要点。文字的编排要注意标题文字与正文文字的区别，一般来说，标题的文字采用粗体，没有明确的大小，其主要作用是吸引人们注意，因此在设计标题文字的时候要注意醒目得体。正文文字的编排是和标题关联的，一般为 8 ～ 10 点，不要低于 5 点，否则长时间注视就会非常吃力，造成阅读疲劳，如图 8-53 所示。

在杂志中运用文字时要注意以下几点。

① 文字的可读性

杂志版式中，文字的运用要避免杂乱，易于阅读，切勿只顾字体设计，忘记文字的根本目的是传达信息，表达杂志主题，如图 8-54 和图 8-55 所示。

图 8-53   图 8-54   图 8-55

② 文字的主次

文字的编排要考虑整个版式的构成，不能出现视觉冲突，要注意版式整体的层次与主次关系，如图 8-56 所示。

③ 文字的美感

文字作为版式中视觉构成的重要设计元素之一，具有视觉传达的作用，在编排版式时要注意版式的整体美感，形成版式的风格化及品牌形象，如图 8-57 和图 8-58 所示。

图 8-56   图 8-57   图 8-58

（2）页面结构的稳定

相对稳定的页面结构可以避免版式紊乱，使页面之间具有连贯性和流畅性的视觉效果，富有规律性，如图 8-59 和图 8-60 所示。

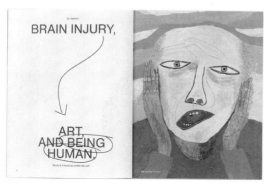

图 8-59

图 8-60

（3）图片的处理

随着读图时代的来临，图片已成为杂志版式中不可缺少的构成元素之一。图片在杂志版式中的运用，打破了版式"素面朝天"的形式，舒缓了阅读的紧张感。图片的使用可以辅助宣传文字信息，使信息传达更直观、清晰，富有情感。

在杂志版式中使用的图片大致包括新闻图片、摄影图片以及设计图片等，现在很多杂志都形成了自己的品牌形象与艺术风格，主要表现在对图片的内容选择及大小位置的编排上。

图片是版式内容的体现、信息的延伸以及补充。一张图片可以使版式情感化、更具吸引力，让版式信息传达得更完善。图片在版式中的表现方式多样，下面学习几种常见的图片编排方式。

① 组图的运用。由于图片具有直观、醒目的特点，可以通过组图独立成篇，增加杂志的可读性，如图 8-61 和图 8-62 所示。

图 8-61

图 8-62

② 去底图的运用。在版式中去底图的运用使版式编排更自由，整个版式显得活跃，给人轻松愉快的视觉效果，如图 8-63 和图 8-64 所示。

③ 出血图的运用。图片以出血图的形式编排在版式中，使版式具有强烈的空间感和活力，如图 8-65 和图 8-66 所示。

图 8-63

图 8-64

图 8-65

图 8-66

④ 背景图的运用。图片以背景的形式出现在版式中，使整个版式更具层次感，可以改变文字单调乏味的设计，如图 8-67 和图 8-68 所示。

图 8-67

图 8-68

（4）网格设置

网格的运用使整个版式显得紧凑，阅读更流畅。杂志版式中的网格有单栏、双栏及多栏之分。根据设计需要，还可以采用打破网格的形式编排版式，使网格在版式中若隐若现，营造出轻松、活泼的氛围，如图 8-69 和图 8-70 所示。

图 8-69 图 8-70

（5）标注的运用

标注是一种解释说明性文字，在杂志版式中，起着说明的作用。图 8-71 所示的是某一时尚杂志的局部图，文字运用的主要目的是对衣服做解释说明，让人一眼就能明确版式信息。

图 8-71

标注是很多时尚杂志版式构成的重要设计元素，很多杂志在版式中采用去底图的编排方式，既起到了说明图片的作用，又使版式具有层次感。标注一般以小面积的形式编排在版式中，起到了衬托作用，增添了版式的活力，能更清楚明了地将信息传递给读者。

二、杂志版式的设计原则

1. 具有鲜明突出的主题

杂志版式设计中各种视觉元素按照一定的主次关系和形式美法则进行有条理性的组织的排列，然后来共同说明或表达一个问题或一个含义。各种视觉元素必须围绕一个视觉中心来突出设计主题或思想主题，如图 8-72 所示。

2．内容与形式的统一

杂志的版式设计是文字、图形、色彩等视觉元素的一个集合体。版式设计始终坚持各视觉元素相互协调、相互补充的原则，达到融会贯通的境界，而这种贯通与协调是在版式主题思想的掌握下进行的。在具体的版式表现中，只追求局部的形式美而忽视整体的协调统一，其版式设计并不成功。只有在整体的宏观调控中把版式设计的各元素进行有机融合，才能实现杂志版式设计"形散而神不散"的目标，最终完成杂志版式设计的艺术推广价值和社会运用价值，如图 8-73 所示。

图 8-72

图 8-73

3．强调整体视觉布局

将版式的各种编排元素在编排结构及色彩上做整体设计，如图 8-74 和图 8-75 所示。当图片和文字少时，则需以周密的组织来获得版面的秩序。即使运用"散"的结构，也是设计师特意的安排。对于连页或者展开页，不可设计完左页再来考虑右页，否则将造成松散的各自为阵的状态，破坏版面的整体性。

图 8-74

图 8-75

第四节　报纸的版式设计

一、报纸的版式设计概念与分类

报纸的版式设计是指在报纸上进行各种内容的编排布局。一份报纸是否具有视觉上的吸引力，很大程度上取决于版式的设计形式。在报纸版式设计中，一定要强调突出报纸的风格特征，使读者在匆匆一瞥中就能感受到报纸编排的创新之处，进而感受到报纸对待新闻的态度或观点。另外，一份版式设计成功的报纸，也应该让读者在众多报纸中，不用看报头就能知道报纸的名字以及版面的名字，这才是报纸的个性所在。

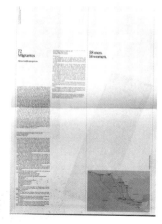

图 8-76

1. 常见报纸版面的分类

通常，报纸的版面大致可分为以下几类：跨版、整版、半版、双通栏、单通栏、半通栏、报眼、报花等。至于选择哪种版面登广告，要根据企业的经济实力、产品生命周期和广告宣传情况而定。一般来说，首次登广告，新闻式、告知式宜选用较大版面，以引起读者注意；对后续广告，提醒式、日常式可逐渐缩小版面，以强化消费者记忆。节日广告宜用大版面，平时广告可用较小版面，如图 8-76 所示。

2. 报纸版面的开型

以版面大小区分，报纸有大报和小报之分。

（1）大报，一般指对开报纸，多为全国性的日报，如图 8-77 所示。

（2）小报，一般指四开报纸，多为地方报纸和大的企事业单位主办的报纸，如高校校报、厂矿报纸，如图 8-78 所示。

图 8-77

图 8-78

二、报纸版式的设计原则

1. 正确引导

报纸版式的设计很重要，每天的版面既不能重复，又要能体现一份报纸特有的风格。一个好的版面可以很好地表现舆论导向的正确性、版面内容的可读性，也可充分展示其可欣赏性。对读者而言，看到这样的版面是一种享受，会引起读者进一步精读的强烈欲望，如图 8-79 所示。

2. 巧用图片

近年来，报纸版式中图片的采用越来越频繁，报纸广告就是其中最主要的图片，人们对图形的依赖也逐渐加深，这一切预示着读图时代的到来。在报纸版式设计中，各种大小不同的图片安排得当，对形成版面的视觉中心有着直接的影响，它在最短的时间内就能牢牢吸引读者的注意，增加报纸的购买力，如图 8-80 所示。

图 8-79　　　　　　　　　　　　　　　　　　图 8-80

3. 巧用线条

由于报纸以文字信息为主，报纸版面留给设计人员的设计元素和发挥空间十分有限，因此，"线"成为最基本、最重要的设计元素。在报纸版面中，"线"主要用来构成版式中的骨架。这里所指的线，并不是单纯的"点的运行轨迹"，而是面（即文章）与面的界定。它可以是无形的留白，也可以是或粗犷或纤细的明确的"线"。报纸版面中，线不仅具有位置、长度的变化，还具有粗细、空间、方向的变化。线的这些视觉特征是它在版式设计中最主要的性质。

4. 简洁易读

简洁易读是现代报纸版式设计的基本要求。随着社会的不断进步、生活节奏的加快和人们视觉习惯的改变，报纸版式设计要简洁易读，使读者的视线（视觉运动轨迹）更为流畅。现在报界较为推崇和流行的模块式版式、货架陈列式版式等，正反映了现代报纸版式设计理念——以人为本。

第五节　网页的版式设计

一、了解网页版式设计

1. 网页版式设计的概念

网页是网络的一部分，网页的版式设计主要是通过专门的设计软件，在网络中进行的一种信息传达形式，如图 8-81 所示。

2. 网页版式设计的目的

网页版式设计的目的是将版面中的相关信息要素做有效配置，使之成为易读的形式，使人们在阅读过程中能够了解并记忆内容所传达的信息，有效地提高人们对版面的注意。

3. 常见的网页版式布局

网页版式布局主要是指版式布局中各个元素的编排构成。版式分布均匀，则版式层次清晰、疏密有序、空间感强烈；版式编排散乱，则整个版式没有视觉重心，不能很好地进行视觉信息传达。版式布局其实就是文字、图片、色彩在版式中的布局编排。在网页设计中，版式布局主要表现为标题、导航、正文的分布情况。

图 8-81

（1）标题

标题是整个网页设计中版式的主要内容归纳，一般分布在网页的上半部分，如图 8-82 所示。

图 8-82

（2）导航

导航主要分布在网页的顶部与左右两边，起到引导观者阅读的作用，如图 8-83 所示。

图 8-83

（3）正文

网页设计中，正文一般分布在网页的中间，采用分栏的形式将图片与文字有序地编排在版式中，如图 8-84 所示。

图 8-84

在编排网页版式布局的同时，应注意版式的比例关系与留白主要表现为：页面所限定空间的长宽比，实体内容与虚拟空间的面积比，页面被分割的比例，图文的关系比，以及各造型元素内部的比例等。

4．网页版式设计的原则

网页作为信息传播的一种载体，同其他出版物如杂志、报纸等在版式设计上存在许多共同之处，同样需要遵循其设计原则，但由于表现形式、运行方式的不同，网页的版式设计原则又具有其自身的特殊规律。

（1）直观性

网页设计同样是一种平面视觉传达，要使用户在打开页面的瞬间明白这些内容和画面想要传达的信息。要使版式直观而明确，脉络清晰，就要注意文字与图片的设计编排，注意文字与图片的比例关系。要使用户更容易获取信息，需要图片和文字相互配合，让视觉化的图片营造氛围，优先传递大致的信息和感受给用户，让文字提供详细而精准的内容，确保信息准确可用，当然文字也需要尽量轻松易懂，如图 8-85 所示。

图 8-85

（2）易读性

由于网页版式具有"动"的特征，这就要求网页版面中的文字编排要以易读性为原则。字体过小、太密、过多装饰，甚至跳跃性地插入页面布局中，都是不易读的表现。在现代数字媒体的时代，易读性是文本内容的基本要求。

（3）美观性

设计作品需要足够漂亮，给人带来美好的感受，这也是版式设计的使命所在。在确保了直观性和易读性之后，就需要考虑画面美观的问题了。如果一开始就考虑美观性，很容易造成内容不易读、不易懂的问题。网页版式设计中最能够引人注意的不是文字，而是视觉效果，如图 8-86 所示。

图 8-86

二、网页版面的构成元素

1. 文字设计

网页版式设计中文字的编排宜简单、清晰，使其能够快速、准确地传达网页信息。每行字数不宜过多，一般不超过 30 个字，以免造成视觉上的疲惫感，如图 8-87 所示，字体字号排列整齐、变化有序，给人以清晰、明朗的视觉感受，并使版面富有层次美感。

图 8-87

2. 图形符号

网页设计同样是一种视觉传达设计，图形符号在版式中除了能够使信息展示更加具象化，还具有调节版式活跃度的作用，它能使版面更为生动、丰富，如图 8-88 所示，大尺寸的实景图形使内容更加形象，也使版面效果生动、丰富、引人注目。

3. 色彩设计

设计师应合理地运用色彩，使版面给人以视觉美感。此外，设计师还应深入分析网站的性质、经营目的或运作模式等因素，恰当地选择色彩，使其更好地体现网站主旨思想，如图 8-89 所示。

图 8-88

图 8-89

4．多媒体的创意表现

多媒体由于它独特的特性，在版式设计方面也有其独特的特点。多媒体的版式构成元素有图形、图像、文字、动画、视频和音效等。它可以是连贯的，可以不只是一个单画面。多媒体还有一个突出的特点，就是有了声音的存在，将其灵活应用在设计中，运用得当能立马使版面生动活泼起来，否则，就会画蛇添足。多媒体的特性使我们在遵循版式设计基本原理和原则的基础上，可以根据它的自身特点展开大胆想象。

当然，版面视觉的冲击力还要与多媒体作品本身的冲击力相得益彰，利用版面进行恶性炒作和渲染，只能导致"泡沫版面"，对观者和作品本身都无益处。观者最后看的还是内容和创意，多媒体作品的内在品质更为重要。

三、网页版式设计构成

1．分割构成

网页版式设计中的分割构成主要表现为：线条对一张图片以及多张图片进行分割，使其整齐有序地排列在版面上。分割版面具有强烈的秩序感和整体感，使版面具有严肃、稳定的视觉效果，如图 8-90 所示。

2．对称构成

页面中的对称构成强调了水平线的作用，使页面具有安定、平静的感觉，观众的视线在左右移动中捕捉视觉信息，符合人们的视觉习惯，如图 8-91 所示。

图 8-90

图 8-91

3. 平衡构成

网页版式中平衡是一种有变化的均衡。它运用等量不等形的方式来表现矛盾的统一性，揭示内在含蓄的秩序和平衡，达到一种静中有动或动中有静的条理美和动态美。平衡的形式富于变化和趣味，具有灵巧、生动、活泼、轻快的特点，如图 8-92 所示。

图 8-92

第六节　手机 App 界面的版式设计

一、手机 App 界面的版式设计概念

什么是手机 App 界面的版式设计？首先我们要先知道什么是手机界面。手机界面是用户与手机系统、应用交互的窗口。App 是英文 Application 的简称，App 界面的版式设计可近似理解为 App 界面设计，也就是在符合操作逻辑、方便人机互动的基础上做视觉上的美化。好的手机界面不仅能让软件变得有趣有品位，还会让软件的操作变得舒适、简单、自由，充分体现软件的定位和特点。

1. 手机 App 界面设计的类型

根据界面的不同特点，可以将手机 App 界面分为以下几类。

（1）首页界面：首页是手机 App 界面的重要组成部分，它承担了与用户的绝大部分交互。首页具有导航元素，方便用户访问不同的功能区，轻松搜索到他们所需要的内容，如图 8-93 所示。

图 8-93

（2）登录界面：现在大部分手机 App 都需要用户创建账号，因此在手机 App 中登录界面的设计就尤为重要了。登录界面应该简洁明了，以便用户轻松访问应用程序。一般登录界面都具备用户

名称、密码的输入框以及确认按钮，如图 8-94 所示。

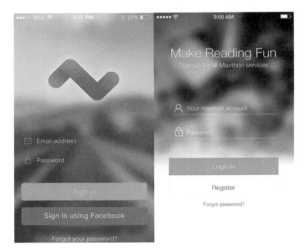

图 8-94

（3）游戏界面：游戏有不同类型，所以界面的风格也不一样。一般游戏界面的三维效果应用较为普遍，颜色新颖，版式新奇，主题明确，如图 8-95 所示。

图 8-95

（4）播放器界面：播放器界面一般都很简洁、精美，界面中的元素、按钮都会风格统一，看起来具有整体性，美观时尚，如图 8-96 所示。

图 8-96

（5）网站界面：网站界面设计承载着图像、视频、动画等多种新媒体设计，网页的内容更加丰富多彩。网站界面设计最重要的是注重用户的体验效果，使用户能够方便快捷地搜索到需要的信息，如图 8-97 所示。

图 8-97

2．手机 App 界面的设计流程

（1）需求分析

在设计手机 App 界面之前，首先要明确用户是什么人（用户的年龄、性别、爱好、教育程度等）、App 做什么用（休闲、娱乐等）。任何一项改变都需要界面设计做出相应的调整。

（2）设计分析

在开始设计手机 App 界面之前，通过需求分析可以提炼出几个体现用户定位的词语。例如，为 25 岁左右的白领男性制作家庭娱乐软件；对这类用户进行分析可以得到的词汇有品质、精美、高档、男性、时尚、Cool、个性、亲和、放松等。通过对这些词汇的分析，再精简得到几个关键的词汇。接下来需要在该界面的设计中着重体现出这几个词汇的意境，设计出几套不同风格的界面设计方案，以备选用。

（3）调研验证

在设计过程中，完成多套界面方案的设计后，开始进行调研验证，从而得到用户的反馈。通过对用户反馈意见的整理和总结，得出每套方案的优点和缺点，便于对最终的界面设计进行调整和改进。

（4）方案改进

通过对用户的调研验证，可以得到目标用户最喜欢的方案。这样就可以有针对性地对界面进行修改，将所设计的界面做到细致、精美。

（5）用户验证反馈

将方案推向市场后设计并没有结束，还需要用户验证反馈。

二、移动设备中各尺寸的标准及分辨率

1. 手机的基本尺寸标准及分辨率如图 8-98 和图 8-99 所示

iPhone界面尺寸

设备	分辨率	PPI	状态栏高度	导航栏高度	标签栏高度
iPhone6 plus设计版	1242×2208 px	401PPI	60px	132px	146px
iPhone6 plus放大版	1125×2001 px	401PPI	54px	132px	146px
iPhone6 plus物理版	1080×1920 px	401PPI	54px	132px	146px
iPhone6	750×1334 px	326PPI	40px	88px	98px
iPhone5 - 5C - 5S	640×1136 px	326PPI	40px	88px	98px
iPhone4 - 4S	640×960 px	326PPI	40px	88px	98px
iPhone & iPod Touch第一代、第二代、第三代	320×480 px	163PPI	20px	44px	49px

图 8-98

主流Android手机分辨率和尺寸

设备	尺寸	分辨率	设备	尺寸	分辨率
魅族MX2	4.4英寸	800×1280 px	魅族MX3	5.1英寸	1080×1280 px
魅族MX4	5.36英寸	1152×1920 px	魅族MX4 Pro未上市	5.5英寸	1536×2560 px
三星GALAXY Note 4	5.7英寸	1440×2560 px	三星GALAXY Note 3	5.7英寸	1080×1920 px
三星GALAXY S5	5.1英寸	1080×1920 px	三星GALAXY Note II	5.5英寸	720×1280 px
索尼Xperia Z3	5.2英寸	1080×1920 px	索尼XL39h	6.44英寸	1080×1920 px
HTC Desire 820	5.5英寸	720×1280 px	HTC One M8	4.7英寸	1080×1920 px
OPPO Find 7	5.5英寸	1440×2560 px	OPPO N1	5.9英寸	1080×1920 px
OPPO R3	5英寸	720×1280 px	OPPO N1 Mini	5英寸	720×1280 px
小米M4	5英寸	1080×1920 px	小米红米Note	5.5英寸	720×1280 px
小米M3	5英寸	1080×1920 px	小米红米1S	4.7英寸	720×1280 px

图 8-99

2. 平板的基本尺寸标准及分辨率如图 8-100 所示

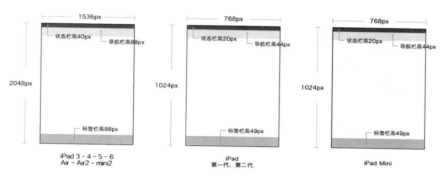

iPad的设计尺寸

设备	尺寸	分辨率	状态栏高度	导航栏高度	标签栏高度
iPad 3 - 4 - 5 - 6 - Air - Air2 - mini2	2048×1536 px	264PPI	40px	88px	98px
iPad 1 - 2	1024×768 px	132PPI	20px	44px	49px
iPad Mini	1024×768 px	163PPI	20px	44px	49px

图 8-100

三、手机 App 界面设计的法则

1. 页面布局规范

手机 App 界面设计布局和平面视觉效果，都是为了能够更好地表达设计过程中的理念，突出产品个性。手机 App 界面设计布局中，必须要重视文字和图片的比例，重视各元素在整个布局中的格调，同时要考虑用户手机的稳定性，并要注意用户手指触及的区域呈现一个"扇环"区域。

2. 层级关系

显示主流用户最常用的 20% 的功能，适度隐藏其他功能，越不常用的功能，隐藏的要越深，注意界面设计时的层级关系。

3. 界面风格一致性

手机 App 界面风格一致性一方面是指设计语言在表达上的一致性，如图标、色调、布局、文字字体及大小等的一致性；另一方面是指界面在信息的表达、界面控制等方面与用户交互模式相一致。

4. 界面视觉平衡

手机 App 界面设计的美感应从整体入手，对各个界面布局中的视觉元素进行合理搭配，以达到视觉上整体的平衡与和谐，提高用户对 App 的使用兴趣。版式布局的平衡感对界面整体形象十分关键，可以通过把握文本与空白的显示比例、图形样式的繁简度、背景色彩与主体图标的明暗对比等控制视觉平衡。这样就能够使界面的布局更加整体、平衡与协调，以满足用户在审美方面的需求。

5. 界面体验易操作

界面体验易操作主要体现在文字、图案、操作流程方面。文字字体要易于识别,突出相关重点信息,从而节约用户的搜索时间;图案要与大众认知标准相符,与现实中的实物相似度越高,用户越容易识别;简单常用的操作能让用户尽快了解 App 的使用方法,提高操作效率,如图 8-101 所示。

图 8-101

6. 色彩识别效果强

重点注意使用一些色彩识别效果强的界面颜色,同时要重视整个 App 色调的相互统一。这样不仅会呈现一个更好的界面视觉效果,也会感染用户的使用情绪,如图 8-102 所示。

图 8-102

7. 避免冗长

手机 App 界面设计时要尽量减少用户的输入,并在用户输入时给出适当的参考,以减轻用户的记忆负担,因此要注意避免冗长。

耳目一新的创意视角——
国内外优秀版式设计欣赏

学习要点及目标:

1. 欣赏国内外优秀版式设计,提高审美能力
2. 通过欣赏,回顾本书所讲内容,结合设计作品理解知识

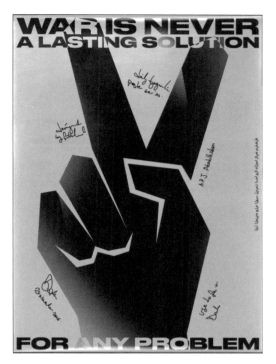

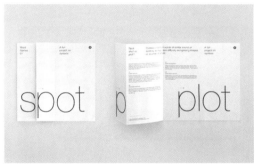

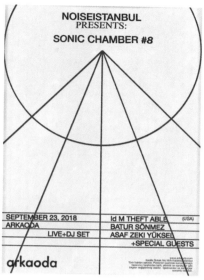

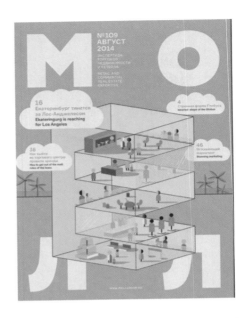

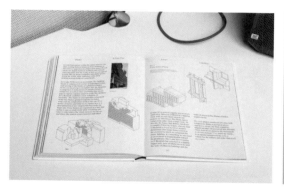

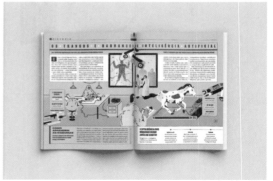

Turistandoo

UI/UX Design for app

Set 2019

**Athena
E-Commerce
App UI Kit**

40+ Modern design IOS screens

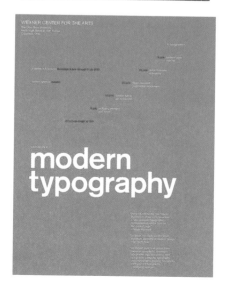